左手 Excel
右手 Tableau

数据分析可视化实战

案例视频精讲

韩小良◎著

清华大学出版社

北京

内 容 简 介

对于非数据分析专业人士来说，他们需要有一款能够快速上手、灵活做数据分析可视化的工具，Tableau 无疑是一个不错的选择。本书基于大量来自企业一线的实际案例，结合 103 节共 249 分钟详细操作视频，让读者系统地学习和掌握 Tableau 各种图表的技能和技巧，只需会拖曳，就能迅速得到需要的数据分析仪表板。左手 Excel 数据，右手 Tableau 可视化仪表板，让数据分析更加自动化。

本书适合企业相关管理人员和数据分析人员阅读，也可以供大中专院校数据分析专业的学生阅读。

图书在版编目（CIP）数据

左手 Excel 右手 Tableau 数据分析可视化实战案例视频精讲 / 韩小良著 . —北京：清华大学出版社，2023.4

ISBN 978-7-302-62865-1

Ⅰ．①左… Ⅱ．①韩… Ⅲ．①表处理软件 ②可视化软件 – 数据分析 Ⅳ．① TP391.13 ② TP317.3

中国国家版本馆 CIP 数据核字 (2023) 第 036393 号

责任编辑：袁金敏
封面设计：杨纳纳
责任校对：徐俊伟
责任印制：朱雨萌

出版发行：清华大学出版社
    网 址：http://www.tup.com.cn，http://www.wqbook.com
    地 址：北京清华大学学研大厦 A 座   邮 编：100084
    社 总 机：010-83470000   邮 购：010-62786544
    投稿与读者服务：010-62776969，c-service@tup.tsinghua.edu.cn
    质 量 反 馈：010-62772015，zhiliang@tup.tsinghua.edu.cn
印 装 者：小森印刷霸州有限公司
经 销：全国新华书店
开 本：170mm × 240mm   印 张：15.25   字 数：325 千字
版 次：2023 年 4 月第 1 版   印 次：2023 年 4 月第 1 次印刷
定 价：79.00 元

产品编号：098833-01

数据分析可视化，已经越来越受到大家的重视。人们常说，文不如表，表不如图。因为可视化图表可以让人们一眼就看出所要表达的数据信息，而不必去看长篇大论的文字，或者费劲地从单元格中一个一个找数字。

就数据分析可视化图表来说，Excel 是一个最基本的、被人们经常使用的工具。Excel 图表使用灵活且方便，被人们用来从各种角度分析数据，但是在综合表达数据各种信息方面，尤其是在快速制作并展示各种数据分析图表方面，就比较烦琐了。这样说的意思不是说不需要 Excel 图表了，相反，笔者经常使用 Excel 来分析数据，例如制作分析报表、做各种计算汇总、对不同业务数据进行快速灵活处理和统计分析等。

在数据分析可视化方面，工具不应该仅限于一种（例如 Excel 图表、Power BI），而是应该选用操作方便、使用灵活的工具。因为我们时间有限，很难花半天时间去画一个图表，也不应该花大量时间绞尽脑汁去编写函数公式。大部分企业管理人员并不是专业人士，没有时间和精力去研究深奥的数据分析可视化理论，也没有时间和精力研究晦涩难懂的代码函数知识，只需要会拖曳就能快速制作满足实际需要的分析图表。那么，Tableau 无疑就是一款非常容易上手和应用的数据分析可视化工具。

作为数据分析可视化系列的一本入门书籍，本书分 20 章介绍利用常见数据分析 Tableau 图表的基本技能和技巧，使读者能快速将这些分析图表应用到实际工作中。本书以 Tableau 2019.4 为写作版本，书中介绍的图表制作方法、思路和案例也适用于更高版本。本书配有 103 节、共 249 分钟的详细操作视频，供大家观看、学习，快速上手，并应用到实际工作中。书中所用案例可扫描图书封底二维码下载。

左手 Excel 数据，右手 Tableau 可视化仪表板，让你的数据分析更上一层楼。

本书适合企事业单位的各类管理者、数据分析人士阅读，也可供大中专院校数据分析专业的学生阅读。

本书的编写得到了朋友和家人的支持和帮助，在此表示衷心的感谢！

作者虽尽职尽力，以期本书能够满足更多人的需求，但书中难免有疏漏之处，敬请读者批评指正，我们会在适当的时间进行修订和补充。

韩小良

读书笔记

目录

第 2 章　Tableau 常见图表制作与应用：折线图.........32

第 3 章　Tableau 常见图表制作与应用：面积图 61

第 4 章　Tableau 常见图表制作与应用：气泡图 72

第 5 章　Tableau 常见图表制作与应用：饼图 83

第20章　创建故事 223

✏️ 读书笔记

第1章

Tableau 常见图表制作与应用：条形图

　　条形图（柱形图）是最基本的图表类型，用于在各类别之间比较数据。在实际工作中，条形图（柱形图）是最常用的图表之一。

　　本章介绍利用 Tableau 制作常见条形图（柱形图）的方法和技巧，以及一些实际应用案例。

1.1 条形图的基本制作方法

Tableau 只有条形图标记，没有柱形图标记，实际上，它们是一样的，只不过是行列位置不同，因此，条形图有水平条形（就是我们常说的条形图）和垂直条形（就是我们常说的柱形图）。

跟随习惯，本书将水平条形称为条形图，将垂直条形称为柱形图。

1.1.1 水平条形（条形图）

将维度字段拖放到行区域，将度量字段拖放到列区域，就是水平条形，也就是常说的条形图，如图 1-1 所示。

本案例数据源是 Excel 文件"案例 1-1.xlsx"。

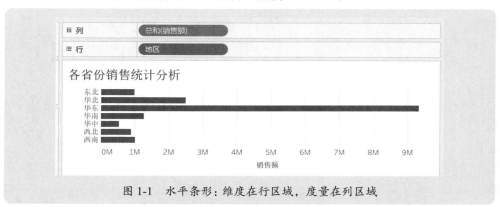

图 1-1　水平条形：维度在行区域，度量在列区域

1.1.2 垂直条形（柱形图）

将维度字段拖放到列区域，将度量字段拖放到行区域，就是垂直条形，也就是常说的柱形图，如图 1-2 所示。

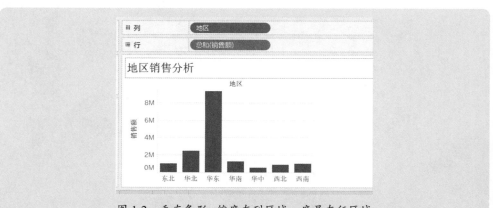

图 1-2　垂直条形：维度在列区域，度量在行区域

1.1.3 ▶ 多个维度的条形图

如果是多个维度,将会按照这几个维度的先后顺序,生成多坐标的条形图,如图 1-3 和图 1-4 所示。

本案例数据源是 Excel 文件"案例 1-1.xlsx"。

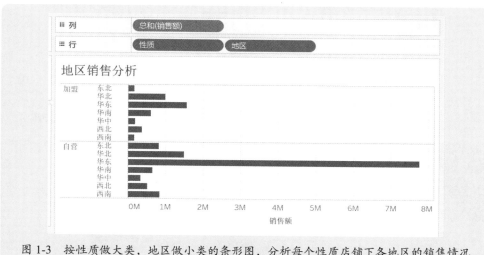

图 1-3　按性质做大类,地区做小类的条形图,分析每个性质店铺下各地区的销售情况

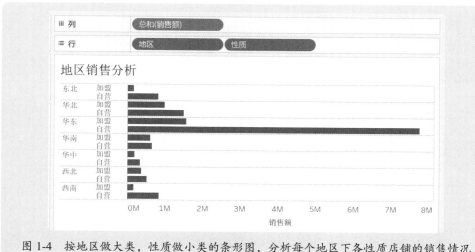

图 1-4　按地区做大类,性质做小类的条形图,分析每个地区下各性质店铺的销售情况

1.1.4 ▶ 多个度量的条形图

如果是要多个度量放在一起做分析,那么就会生成两个区域的条形图,如图 1-5 所示。

本案例数据源是 Excel 文件"案例 1-1.xlsx"。

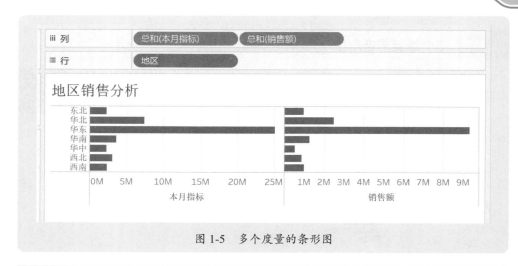

图 1-5　多个度量的条形图

1.1.5 堆积条形图和柱形图

 　　将指定的字段同时拖放到"详细信息"标记上和"颜色"标记上，就得到了该字段下各项目的堆积条形图和柱形图，如图 1-6 和图 1-7 所示。

图 1-6　堆积条形图　　　　　　　　　　图 1-7　堆积柱形图

1.1.6 快速切换水平条形和垂直条形

　　如果要快速切换水平条形（条形图）和垂直条形（柱形图），可以直接单击工具栏上的"交换行和列"按钮，或者按 Ctrl+W 快捷键。

1.2 有逻辑关联的多度量条形图调整问题

　　如果几个度量没有关联，例如销量和销售额，那么就不用管，按照默认的坐标做参照对比即可。

　　但是，如果这几个度量有关联，例如本月指标和销售额、销售额和毛利等，那么需要对图表做适当设置，否则就会影响分析。

1.2.1 将几个度量的坐标轴刻度设置为统一刻度

　　如图 1-8 所示的本月指标和销售额图中,两个柱形图的坐标轴刻度是不一样的,但实际显示的效果中,似乎实际销售额跟本月指标差不多,因此,需要分别编辑这两个度量的坐标轴,将它们设置为统一的固定刻度,如图 1-9 所示。当坐标轴被设置为固定刻度后,坐标轴标题右侧会出现一个固定标记 📌 。

　　本案例数据源是 Excel 文件"案例 1-1.xlsx"。

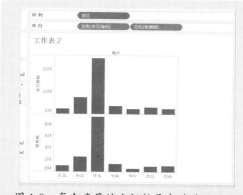
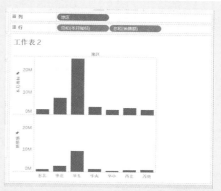

图 1-8　每个度量的坐标轴是自动的,显示效果容易引起误解　　图 1-9　每个度量的坐标轴设置为统一的固定刻度

1.2.2 将几个度量放在同一坐标下进行比较(设置双轴)

　　设置为统一的固定刻度后,仍不便于我们比较它们的大小关系,最好的方法是设置为双轴,并同步轴,结果如图 1-10 所示。

　　然后,分别将两个度量条形的宽度(标记大小)和颜色进行调整,就得到一个比计较清晰的条形图,如图 1-11 所示。

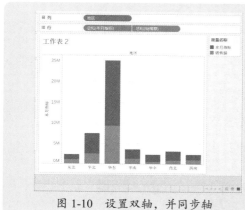
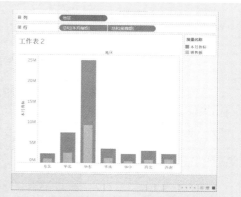

图 1-10　设置双轴,并同步轴　　　图 1-11　设置每个度量条形的大小和颜色

　　这种布局和设置可以用在目标达成分析、预算分析、年度进度跟踪等方面。

1.3 条形图和柱形图的其他几个注意事项

条形图制作很简单，不过，为了让条形图更加清晰表达数据信息，需要注意几个问题，下面分别进行介绍。

1.3.1 条形图（柱形图）中的排序

一般情况下，条形图主要是对比各项目的大小，因此将字段进行排序是很重要的，这样可以让用户一目了然看到谁大谁小。

排序很简单，在行区域或列区域中先选择要排序的度量，然后单击工具栏上的升序排序按钮 或降序排序按钮 即可，效果如图 1-12 和图 1-13 所示。

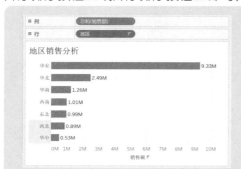 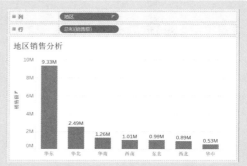

图 1-12 对各地区的销售额做降序排序的条形图　　图 1-13 对各地区的销售额做降序排序的柱形图

如果就只有一个度量，直接单击排序按钮即可。

1.3.2 条形图中使用渐变颜色标识数据大小

当对各项目进行排序后，对条的颜色做渐变颜色设置就非常有用了，因此可以通过颜色来醒目标识各数据的大小，尤其是在工作表阴影是深色的情况下。图 1-14 就是一个示例效果。

图 1-14 以渐变颜色设置条的颜色

要实现这样的效果，就需要把度量拖放到"颜色"卡上，然后编辑颜色。

1.3.3 条形图和柱形图中添加参考线

既然是对各类别各项目做对比分析，那么添加一个参考线是一个比较好的操作了。

例如添加平均线，从而了解各地区的销售额，哪些在平均值以上，哪些在平均值以下，效果如图 1-15 和图 1-16 所示。

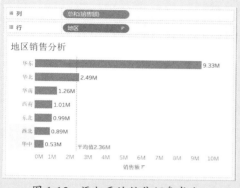

图 1-15 添加平均销售额参考线

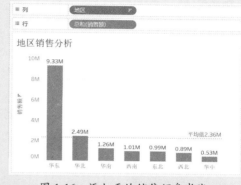

图 1-16 添加平均销售额参考线

1.3.4 参考线两侧条形显示不同颜色

我们还可以设置参考线以上和参考线以下用两种颜色标识，例如，平均值以上是一种颜色，平均值以下是一种颜色，则可以按照下面的步骤进行设置。

首先将销售额拖放到颜色标记上，再编辑颜色，如图 1-17 所示，选择色板，将渐变颜色设置为 2 阶，单击"高级"按钮展开对话框，勾选"中心"复选框，输入平均值，那么就得到图 1-18 所示的结果了。

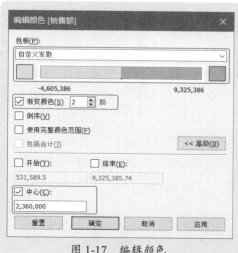

图 1-17 编辑颜色

图 1-18 参考线以上和以下用两种颜色显示

1.4　条形图格式化的几个问题

　　条形图制作完毕后，需要对图表元素诸如条形大小、颜色、字体、数字格式等进行适当设置，才能让条形图不仅美观漂亮，而且重点信息突出。

　　本节数据源是 Excel 文件"案例 1-2.xlsx"。

1.4.1　设置条形大小

　　这里所说的条形大小是指条形的宽窄，可以通过"标记"卡里的"大小"标记来设置，单击"大小"标记 ，展开一个调节大小的滑块，如图 1-19 所示。拖动这个滑块，就能调整条形大小。

图 1-19　拖动滑块，调整条形大小

1.4.2　设置条形颜色

　　条形的颜色设置也是非常重要的，可以对每个项目的颜色设置统一的一种颜色，也可以设置为不同的颜色，还可以设置为随数值大小的渐变颜色。

1. 设置统一的颜色和边界

　　默认情况下，制作的条形一般为统一颜色，此时，我们可以通过"标记"卡中的"颜色"卡来设置，单击"颜色"卡 ，展开一个颜色设置面板，如图 1-20 所示。这里可以选择自己喜欢的颜色，设置颜色的透明度，以及设置条形的边界。

　　需要注意的是，条形的颜色要与工作表阴影（背景）相匹配，并且不同度量的条形之间也要相匹配。

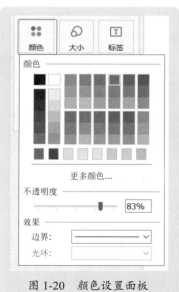

图 1-20　颜色设置面板

2. 设置根据数值大小的渐变颜色

如果要把条形设置为根据数值大小的渐变颜色,则需要将度量拖放到"颜色"卡上,这样在图表的右上角会出现颜色图例,然后设置渐变颜色,如图 1-21 所示。

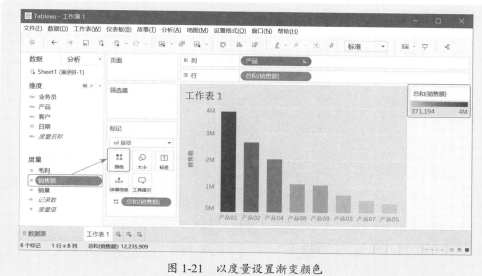

图 1-21　以度量设置渐变颜色

需要注意的是,如果使用渐变颜色,需要先将度量进行排序。

3. 每个项目设置不同颜色

还可以为每个项目设置不同颜色,此时需要把维度拖放到"颜色"卡上,然后编辑各项目的颜色,图 1-22 所示是一个示例。

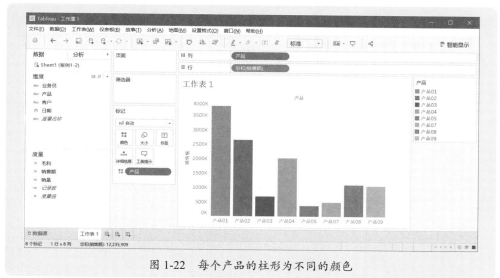

图 1-22　每个产品的柱形为不同的颜色

1.4.3 编辑和设置坐标轴格式

 坐标轴的设置主要是设置坐标轴的标题字体、数字格式和刻度，Tableau 会根据实际数值大小，以 K 或 M 来显示刻度数字，自动设置刻度线。我们可以根据实际需要来重新设置这些项目。

右击图表上的坐标轴，执行"编辑轴"命令，如图 1-23 所示，就会打开"编辑轴"对话框，然后设置坐标轴的范围、轴标题以及刻度线。

图 1-23 执行"编辑轴"命令

图 1-24 和图 1-25 就是重新设置坐标轴刻度和标题后的情况：坐标轴刻度数字不再显示 K，坐标轴标题设置为"销售额（千元）"，并把坐标轴范围设置为固定的 0 ～ 5,000,000，主要刻度线设置为固定的 0 ～ 1,000,000。

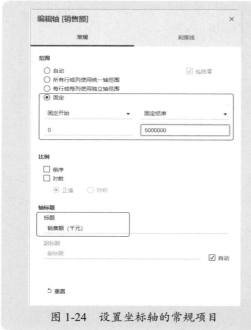

图 1-24 设置坐标轴的常规项目　　图 1-25 设置坐标轴的刻度线

编辑轴后的图表坐标轴效果如图 1-26 所示。

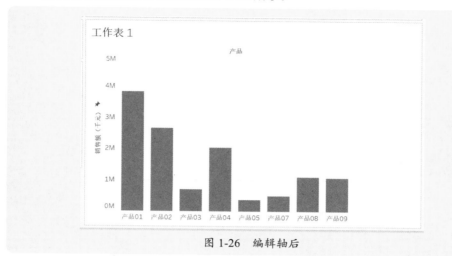

图 1-26　编辑轴后

但是，这样编辑轴后的坐标轴刻度数字仍默认显示为"M"，与轴标题文字"销售额（千元）"不符，因此还需要将坐标轴的数字格式进行设置。

右击坐标轴，执行"设置格式"命令，如图 1-27 所示，就会在工作表左侧打开设置格式窗格，然后进行数字的自定义格式设置，如图 1-28 所示。这里自定义数字格式为"#,##0,"。

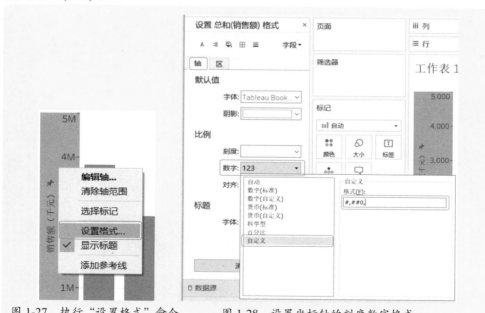

图 1-27　执行"设置格式"命令　　图 1-28　设置坐标轴的刻度数字格式

此外，还可以根据需要，设置坐标系和字体、字号等。

这样，就得到了我们需要的坐标轴格式，如图 1-29 所示。

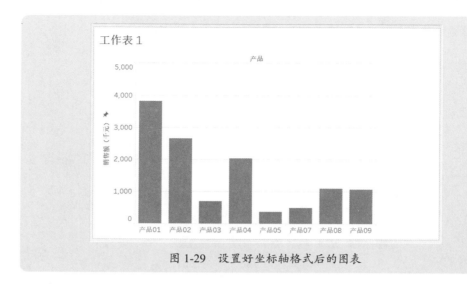

图 1-29　设置好坐标轴格式后的图表

1.4.4 显示和设置标签数字格式

　　将度量拖至"标签"卡，就会在条形的上方显示数字标签，不过，标签数字一般是数据源数字的实际大小，此时，可能会与坐标轴刻度数字单位不匹配，如图 1-30 所示，此时需要对标签数字格式进行设置，使其显示与坐标轴刻度数字一致。

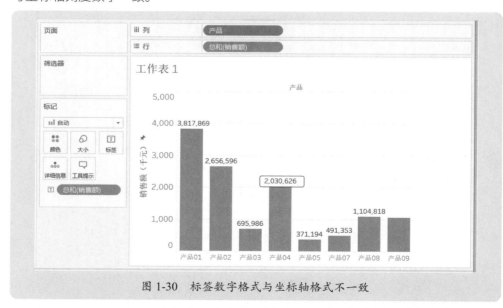

图 1-30　标签数字格式与坐标轴格式不一致

　　设置标签数字格式的方法是，右击列区域或行区域中的度量，或者右击坐标轴，执行"设置格式"命令，在工作表左侧打开"设置 ** 格式"窗格，再切换到"区"选项卡，对标签数字格式进行设置即可，如图 1-31 所示。

设置好标签数字格式后的图表如图 1-32 所示。

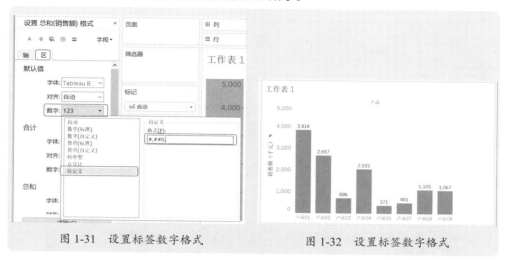

图 1-31　设置标签数字格式　　　　图 1-32　设置标签数字格式

1.4.5 设置标签对齐方式

默认情况下，标签显示在条形的顶端外部，我们也可以设置标签显示在条形的底部或者中间，也可以横排或者垂直排列，方法是打开"标签"设置面板，对"水平""垂直""自动"和"换行"进行设置，如图 1-33 所示。

图 1-33　设置标签对齐方式

需要注意的是，如果条形颜色是深色，当把标签显示在条形内部时，则需要将字体颜色设置一个浅色（例如白色）。

1.4.6 ▶ 设置网格线

 一般来说，对于条形图来说，网格线可以不必过度去关注，但在有些情况下，则需要认真设置网格线，例如，当工作表阴影颜色很深时，默认的网格线就很扎眼了，如图 1-34 所示。

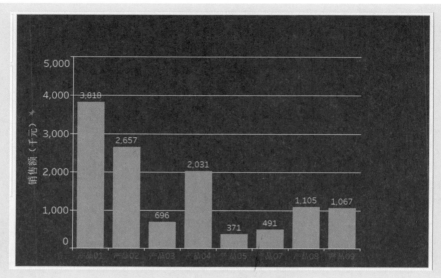

图 1-34　深色背景时的网格线

此时，需要将网格线设置为与工作表背景颜色相协调的颜色，如图 1-35 所示。

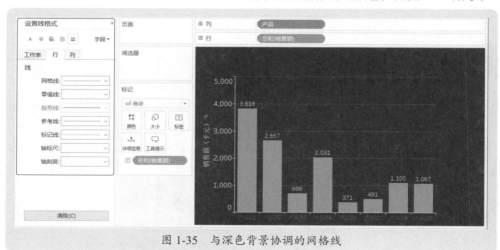

图 1-35　与深色背景协调的网格线

有些情况下，合理设置行网格线（就是水平网格线）和列网格线（就是垂直网格线）可以使数据信息变得更加清楚。图 1-36 所示是产品毛利率分析条形图。

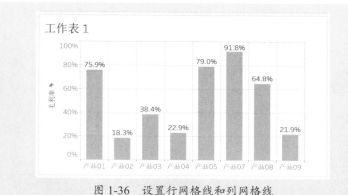

图 1-36　设置行网格线和列网格线

网格线的设置是在工作表左侧的设置格式窗格中进行的。设置行网格线和列网格线格式的操作分别如图 1-37 和图 1-38 所示。

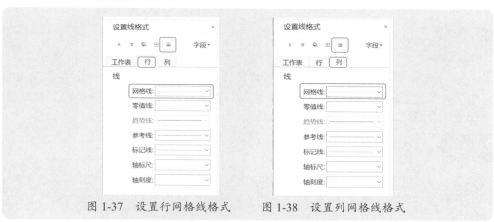

图 1-37　设置行网格线格式　　　图 1-38　设置列网格线格式

在默认情况下，设置行列网格线后，图表左右两侧并没有明显的垂直线条，导致网格区很难看，如图 1-39 所示。

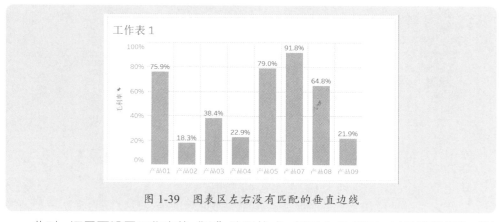

图 1-39　图表区左右没有匹配的垂直边线

此时，还需要设置工作表的"区"边界格式，如图 1-40 所示，以及设置行的"轴标尺"和列的"轴标尺",如图 1-41 所示。

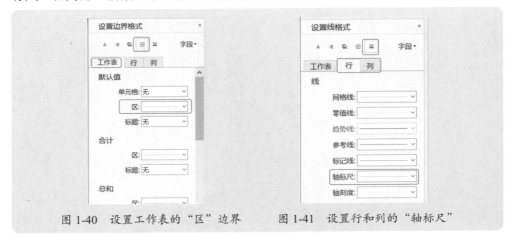

图 1-40 设置工作表的"区"边界　　　图 1-41 设置行和列的"轴标尺"

1.5 条形图的变形应用

　　条形图制作简单,表达清晰,是数据分析中常用的图表类型之一。在实际数据分析中,条形图还有很多变形,这些变形其实就是与其他类型图表组合起来的产物。下面我们介绍几个最常见的变形及实际应用。

1.5.1 圆顶条形图

　　圆顶条形图的效果如图 1-42 所示。这个图表是两个销售额的组合图表,主要制作步骤如下。

　　首先制作一个普通的条形图,如图 1-43 所示。

图 1-42 圆顶条形图　　　　　　　图 1-43 普通条形图

　　再拖放一个销售额到列区域,如图 1-44 所示。

　　将第二个销售额设置为双轴,并同步轴,不显示次坐标轴,同时将第一个销售额的标记类型设置"条形",第二个销售额的标记类型设置为"圆",如图 1-45 所示。

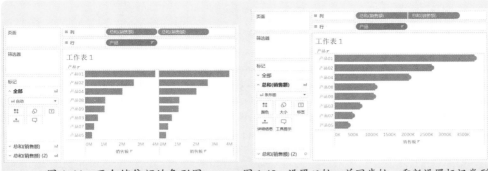

图 1-44　两个销售额的条形图　　　图 1-45　设置双轴，并同步轴，重新设置标记类型

　　最后设置第二个销售额的标记（圆圈）大小，使之与条形宽度一致，就得到了圆顶条形图。

1.5.2 箭头条形图

　　箭头条形图的效果如图 1-46 所示，其制作方法与圆顶条形图是一样的，只不过是将第二个销售额的标记类型设置为"形状"里的右箭头。不过，要注意分别调整条形和形状的大小，使两者匹配。

　　这个图表的详细制作步骤，请扫码观看视频。

　　我们也可以选择不同的形状来修饰条形顶部，方法和步骤完全相同。

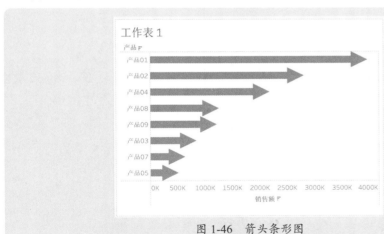

图 1-46　箭头条形图

1.5.3 端头条形图

　　端头条形图的效果如图 1-47 所示，一根较细的直线，前端有一根垂直线。这个图表的制作方法与圆顶条形图是一样的，只不过是将第二个销售额的标记类型设置为"甘特图"，然后分别设置两个销售额标记的大小。请读者自己练习。

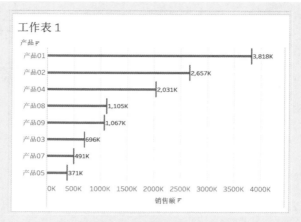

图 1-47　端头条形图

1.5.4　空心条形图

　　默认情况下的条形图都有颜色，因此是实心的。我们可以制作空心条形图，一个简单的方法是根据工作表背景来设置条形的颜色（例如与背景一样的颜色，或者不透明度设置为 0）和边界，以及设置行的轴标尺。图 1-48是一个空心条形图示例效果。

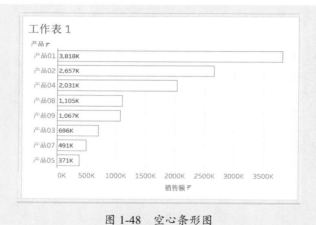

图 1-48　空心条形图

1.5.5　棒棒糖条形图

　　这种条形图也是一种组合图，特点是一根直线的前端是圆形，形似棒棒糖，故称"棒棒糖条形图"，如图 1-49 所示。其制作方法与圆顶条形图是一样的，只不过是将第二个销售额的标记类型设置为"圆"或"形状"，然后分别设置两个销售额标记的大小。请读者自己练习。

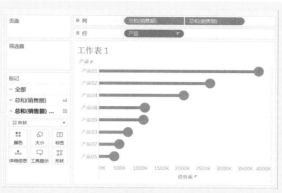

图 1-49　棒棒糖条形图

滑珠条形图

所谓滑珠条形图，是指形似滑杆上有圆珠，其效果如图 1-50 所示，每个圆珠就是每个产品的毛利率。实际上，这也是条形图与其他图表的组合图。本案例数据源是 Excel 文件"案例 1-3.xlsx"。

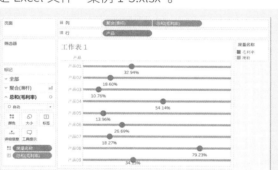

图 1-50　滑珠条形图—毛利率分析

下面是这个图表的主要制作方法和步骤。

首先创建一个计算字段"滑杆"，计算公式如下，如图 1-51 所示。

AVG(1)

图 1-51　计算字段"滑杆"

将字段"滑杆"和"毛利率"拖至列区域（注意滑杆在前，毛利率在后），将字段"产品"拖至行区域，得到基本条形图，如图 1-52 所示。

将"毛利率"的标记类型设置为"形状"，并选择黑圈形状，如图 1-53 所示。

 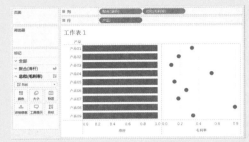

图 1-52　基本条形图　　　　图 1-53　将"毛利率"的标记类型设置为"形状"

将"毛利率"设置为"双轴"，并同步轴，然后重新将"滑杆"标记类型设置为条形，如图 1-54 所示。

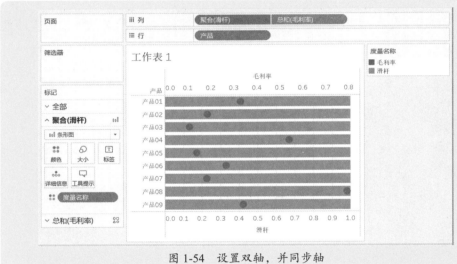

图 1-54　设置双轴，并同步轴

最后调整"滑杆"和"毛利率"的大小，设置颜色，隐藏坐标轴标题，显示"毛利率"的标签，并设置标签的数字格式和对齐方式，不显示坐标轴，就得到了我们需要的滑珠条形图。

1.5.7　填充效果的进度条形图

很多情况下，我们需要对计划进度情况进行跟踪，例如目标达成分析、预算执行分析等，此时可以制作进度条形图。进度条形图有很多表达形式，图 1-55 是一种填充效果进度图，灰色长条形是预计目标，深色短条形是实际执行。

本案例数据源是 Excel 文件"案例 1-1.xlsx"。

图 1-55　填充效果进度条形图

这种条形图是本月指标和销售额的条形图，核心点是：设置双轴，并同步轴；分别设置两个条形的大小和颜色。

需要创建一个计算字段"完成率"，计算公式如下：

SUM([销售额])/SUM([本月指标])

然后将毛利率显示到度量"销售额"上，并设置标签格式。

1.5.8　细线效果的进度条形图

细线效果进度条形图类似于滑珠效果进度图，效果如图 1-56 所示。
本案例数据源是 Excel 文件"案例 1-4.xlsx"。

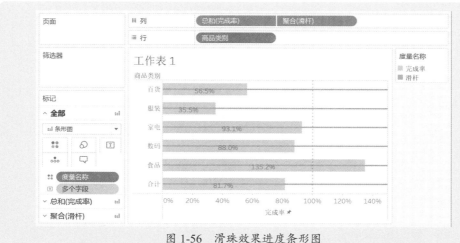

图 1-56　滑珠效果进度条形图

这个图表的制作也不复杂，类似于前面介绍的滑珠条形图。下面是主要制作方法和步骤。

创建一个计算字段"滑杆",计算公式如下(这里 1.6 是滑杆长度值,可根据实际情况决定):

AVG(1.6)

制作基本条形图,如图 1-57 所示。

将"滑杆"设置为"双轴",并同步轴,然后将两个度量的标记类型设置为条形,如图 1-58 所示。

图 1-57 基本条形图　　　　图 1-58 设置双轴并同步轴,再重新设置为"条形图"

再将标记类型设置为条形图。

分别设置"完成率"和"滑杆"的颜色、大小和透明度,如图 1-59 所示。

添加一个参考线,其值为"1",类型为"常量",不显示参考线标签,如图 1-60 所示。

图 1-59 设置两个条形的颜色和大小　　　　图 1-60 添加常量为 1 的参考线

然后设置参考线的格式,就得到了一个完成率为 100% 的垂直参考线,如图 1-61 所示。

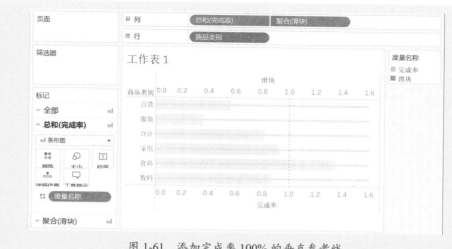

图 1-61　添加完成率 100% 的垂直参考线

　　在列区域中选择字段"完成率"，添加数据标签，并设置标签格式，最后设置坐标轴格式，就得到我们需要的细线效果的进度条形图。

1.5.9　滑块效果的进度条形图

　　滑块效果的进度条形图的效果如图 1-62 所示，用位于不同位置的滑块来表示各项目的进度，非常直观。

　　本案例数据源是 Excel 文件"案例 1-4.xlsx"。

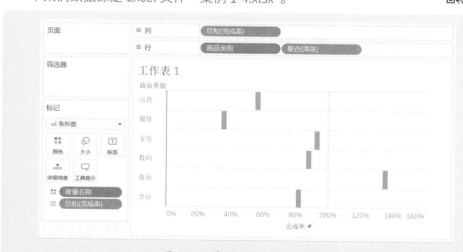

图 1-62　滑块效果的进度条形图

　　这个图表制作起来也不复杂，也是两个条形图的组合图。

　　下面是主要制作方法和步骤。

　　首先创建一个计算字段"滑块"，其计算公式如下（可以是大于 0 的任意值）：

AVG(1)

然后将字段"完成率"拖放至列区域,将字段"商品类别"和"滑块"拖放至行区域,然后将默认的"圆"改为"条形图",得到基本条形图,如图 1-63 所示。

不显示滑块的刻度标题,调整行高,如图 1-64 所示。

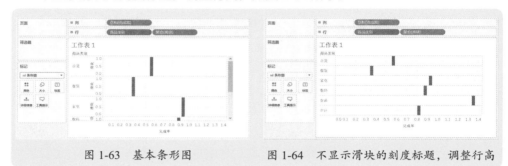

图 1-63　基本条形图　　　　　　图 1-64　不显示滑块的刻度标题,调整行高

最后设置工作表的格式,不显示网格线,设置坐标轴格式,添加一个常量为 1 的参考线等,就得到了滑块效果的进度条形图。

1.5.10 ▶ 通道效果的进度条形图

通道效果的进度条形图的效果如图 1-65 所示,每个产品类别有一个通道,条形就是进度条。

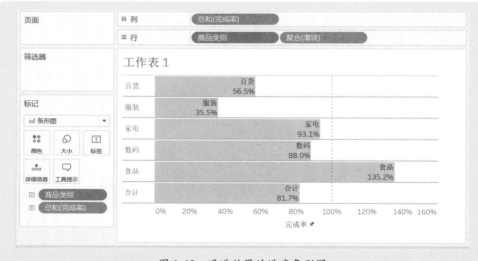

图 1-65　通道效果的进度条形图

这个图表的制作方法与滑块效果的进度条形图基本一样,唯一不同的是设置滑块大小:选择"固定"大小,输入宽度"10",对齐选择"右侧",如图 1-66 所示。

此外,还要将坐标轴范围设置为固定,最小值为 0,如图 1-67 所示。

图 1-66　设置条形大小

图 1-67　设置最标准固定范围

最后就是设置工作表格式，例如：不显示行网格线和列网格线；不显示列分隔符；设置行分隔符颜色和粗细；显示数据标签（注意要将标签的对齐方式设置为右侧中部）；设置坐标轴数字格式和标签数字格式为百分比；调整行高。

1.5.11 块状效果的进度条形图

块状效果的进度条形图的效果如图 1-68 所示，看起来是用大小均匀的块状堆积起来的条形，实际上是使用了背景颜色的参考线均匀分隔的。

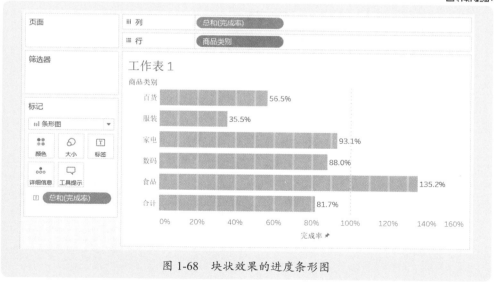

图 1-68　块状效果的进度条形图

这个图表制作很简单，但是比较烦琐。

首先制作基本条形图，然后添加常量参考线，这个例子是完成率进度，我们可以分别添加 0.2、0.4、0.6、…、1.4 几个常量参考线，如图 1-69 和图 1-70 所示。

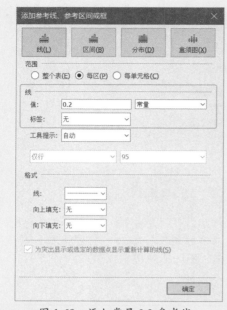

图 1-69　添加常量 0.2 参考线　　　　图 1-70　添加常量 0.4 参考线

　　全部参考线添加完毕后，再统一设置这些列参考线的格式，主要设置内容是颜色和粗细，如图 1-71 所示。

图 1-71　设置参考线颜色和粗细

1.6 柱形图实际应用案例

前面我们介绍了条形图的制作方法、格式化方法和变形，本节我们再介绍几个柱形图的实际应用案例。

1.6.1 预算执行分析

下面我们介绍一个预算执行分析的案例。本案例数据源是 Excel 文件"案例 1-5.xlsx"，示例效果分别如图 1-72 所示。

这个分析的特点是：

（1）用双轴表示预算和实际，并用两种不同颜色来表示哪些项目超预算，哪些项目在预算内；

（2）用柱形图和执行率 100% 的参考线来表示预算执行率，并将执行率柱形也表示为两种不同颜色，与预算和实际对应。

下面是这个分析图表的主要制作过程。

首先布局字段，得到图 1-73 所示的图表。

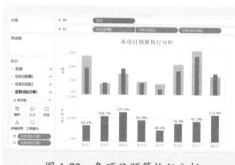

图 1-72　各项目预算执行分析

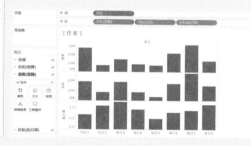

图 1-73　布局字段，得到柱形图

将度量"实际"设置双轴，并同步轴，不显示右侧的坐标轴标题，并把左侧的默认坐标轴"预算"改为"金额"，如图 1-74 所示。

再将三个度量的标记类型重新设置为柱形图，如图 1-75 所示。

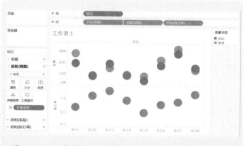

图 1-74　将度量"实际"设置双轴，并同步轴

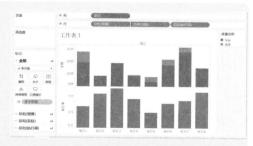

图 1-75　重新设置标记类型为"柱形图"

分别设置预算和实际的大小（柱形宽度），让两者能够区分开，如图 1-76 所示。

在标记窗格中,选择"全部",然后将度量"执行率"拖至"颜色"卡上,得到图 1-77 所示的图表。

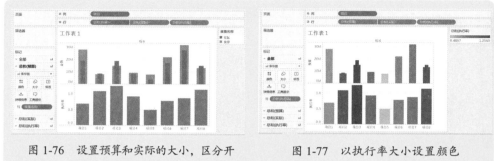

图 1-76　设置预算和实际的大小，区分开　　　图 1-77　以执行率大小设置颜色
　　　　　两个柱形

单击图例"总和（执行率）"右侧的下拉箭头，执行"编辑颜色"命令，打开"编辑颜色"对话框，从色板下拉列表中选择"温度发散"；勾选"渐变颜色"复选框，设置为 2 阶；单击"高级"按钮，展开对话框，勾选"中心"复选框，输入数字 1，如图 1-78 所示。

这样，就得到图 1-79 所示的图表。

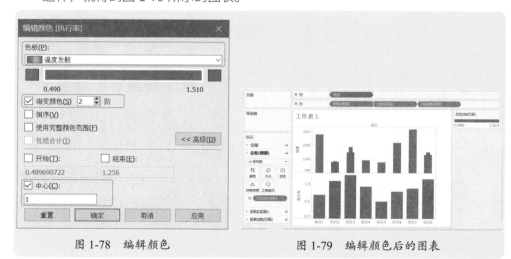

图 1-78　编辑颜色　　　　　　　图 1-79　编辑颜色后的图表

为执行率坐标轴添加一条常量为 1 的参考线，标签设置为"无"，并设置参考线的格式，如图 1-80 所示。

然后编辑轴，将坐标轴的刻度设置为固定值 0 ～ 2，主要刻度线设置为固定的 0 ～ 1，那么就得到如图 1-81 所示的图表。

在标记窗格中，单击选择"总和（预算）"，然后设置其颜色的透明度，如图 1-82 所示。

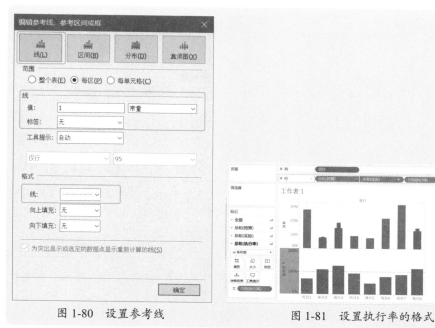

图 1-80　设置参考线

图 1-81　设置执行率的格式

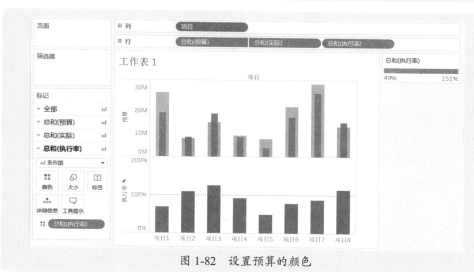

图 1-82　设置预算的颜色

　　最后为执行率添加标签，设置标签格式，隐藏右上角的图例卡，修改工作表名称，调整视图大小，就得到了我们需要的图表。

1.6.2 产品销售分析

　　图 1-83 和图 1-84 所示的分析图表是一个产品销售分析的例子，双轴条形图表示销售额和毛利，折线图表示毛利率。

　　本案例数据源是 Excel 文件"案例 1-5.xlsx"。

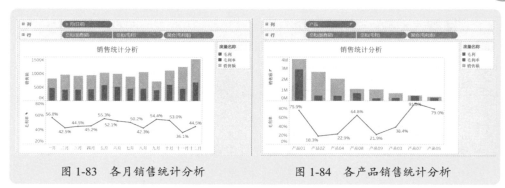

图 1-83　各月销售统计分析　　　　图 1-84　各产品销售统计分析

这个图表制作并不复杂，前面相关的案例有过介绍，这里不再赘述。注意毛利率是创建的计算字段。

1.6.3　门店销售分析

本案例数据源是 Excel 文件"案例 1-6.xlsx"，示例数据如图 1-85 所示，是各门店销售的各类商品的数据。

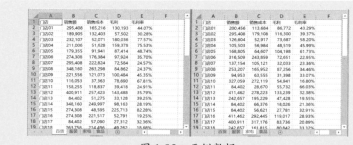

图 1-85　示例数据

建立数据连接，创建并集，如图 1-86 所示，将 4 个工作表数据合并起来，如图 1-87 所示。

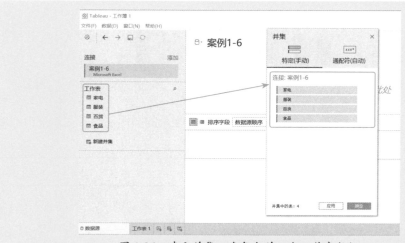

图 1-86　建立并集，准备合并 4 个工作表数据

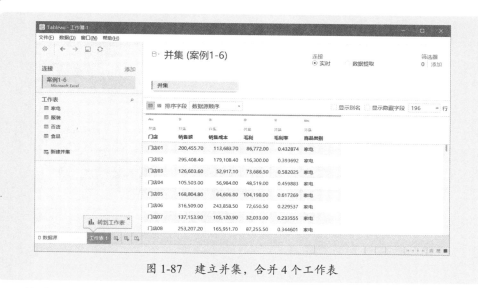

图 1-87　建立并集，合并 4 个工作表

　　然后，以这个并集数据制作各种分析图表，如图 1-88 和图 1-89 所示。具体制作方法，前面的案例有过相关介绍，此处不再叙述。

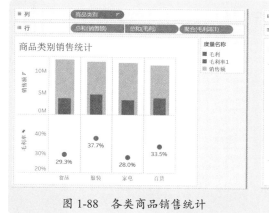

图 1-88　各类商品销售统计

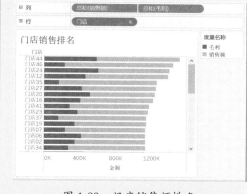

图 1-89　门店销售额排名

　　需要注意的是，如果要分析毛利率，是不能直接使用数据源中的毛利率，需要创建一个新毛利率"毛利率 1"，计算公式如下：

SUM([毛利])/SUM([销售额])

第2章

Tableau 常见图表制作与应用：折线图

线图（折线图）主要用来分析数据的波动和变化趋势，进行预测。在使用折线图分析数据时，更多的是在时间序列上进行分析。

本章介绍折线图的基本制作方法和技巧，以及一些主要应用案例。

2.1 折线图制作方法

折线图的制作很简单，本节我们结合实际案例，介绍折线图的基本制作方法、技巧和一些注意事项。

2.1.1 基本制作方法

如果有日期时间维度，那么将日期时间维度拖放到行区域，将度量拖放到列区域，就会自动得到线图，也就是常说的折线图，如图 2-1 所示。

本案例数据源是 Excel 文件"案例 2-1.xlsx"。

图 2-1　线图

不过，图 2-1 所示的线图是自动按年组合的，因此还需要根据实际情况，对日期的显示进行设置，例如，要获取每个月的销售情况，就右击行区域的字段"日期"，在快捷菜单中选择"月"，如图 2-2 所示。

图 2-2　将日期按月显示

注意，这里有两个"月"可供选择（季度、天的也是一样），第一个"月"会将提起序列中各年的相同月份数据汇总在一起，第二个"月"会按年和月来汇总不同年份各月的数据。

就得到了各月销售额的折线图，如图 2-3 所示。

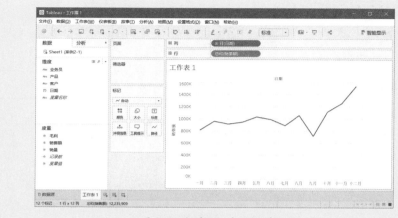

图 2-3　折线图：各月销售额

如果维度是字符串类型的，那么会自动得到条形图，此时，可以在"标记"类型下拉列表中选择"线"，如图 2-4 所示，就得到了折线图，如图 2-5 所示。

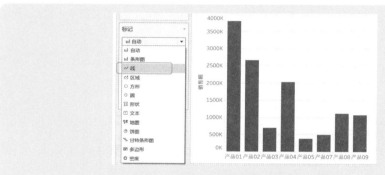

图 2-4　选择"线"

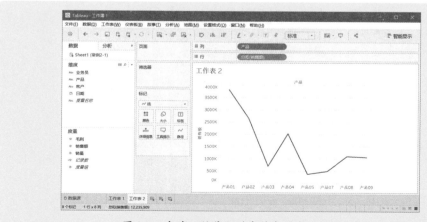

图 2-5　各产品销售额（字符串维度的折线图）

2.1.2 多个维度的折线图

当在列区域或行区域拖放多个维度时，会得到同一坐标下各维度项目
的对比折线图，这种分析是非常有用的。

例如，对于如图 2-6 所示的各分公司、各年的营收统计表，如何分析
每个分公司这几年的经营情况？本案例数据源是 Excel 文件"案例 2-2.xlsx"。

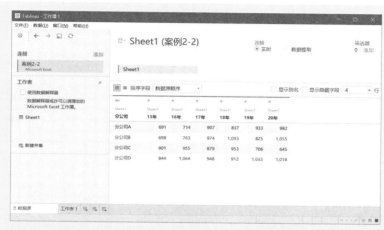

图 2-6 分公司各年营收统计表

首先将各年数据进行转置，生成"年份"维度和"营收"度量，得到能够分析
的一维表，如图 2-7 所示。

图 2-7 转置各年数据，生成年份维度和营收度量

将维度"分公司"和"年份"拖放至列区域，将度量"营收"拖放至行区域，
得到默认的条形图，然后将标记类型设置为"线"，得到各分公司几年来营收分析图，
如图 2-8 所示。

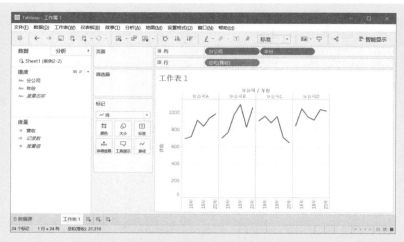

图 2-8　各分公司几年来营收分析图

2.1.3 ▶ 多个度量的线图

当要考查几个逻辑关联度量的变化波动趋势时，可以制作多个度量的线图。例如，分析各月销售额和毛利。

以 Excel 文件"案例 2-1.xlsx"为例，我们可以绘制如图 2-9 所示的折线图。这个图表的制作要点如下。

要点 1：将维度"日期"拖放至列区域，并显示为月；

要点 2：将度量"销售额"和"毛利"拖放至行区域；

要点 3：将"毛利"设置为双轴，并同步轴；

要点 4：不显示次坐标轴的标题；

要点 5：将主坐标轴的标题修改为"金额"（默认是"销售额"，是不对的）。

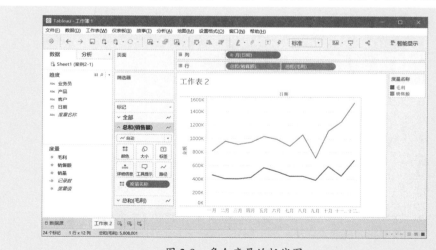

图 2-9　多个度量的折线图

如果再增加分析各月销量的变化情况，可以再往行区域拖放一个度量"销量"，那么就得到了图 2-10 所示的折线图。

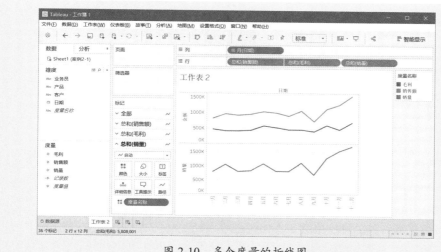

图 2-10 多个度量的折线图

2.1.4 设置线的路径

线图有一个特殊的设置项目：线的路径，用于设置行的类型，如图 2-11 所示。

图 2-11 设置线的路径

线的路径有 3 种，即线性、步骤和跳转。合理使用它们，可以制作很有用的分析图表。

线性 ⌒：就是普通的折线，数据点之间用一条直线连接，这也是默认折线图的路径。

步骤 ⌐：以连续阶梯形状显示折线，如图 2-12 所示。

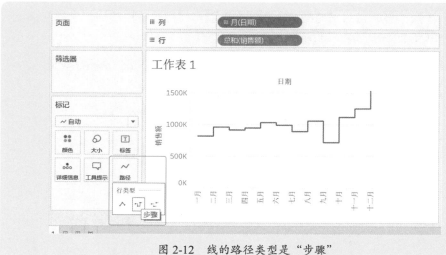

图 2-12　线的路径类型是"步骤"

跳转⊡: 断开的阶梯状横线条，如图 2-13 所示。

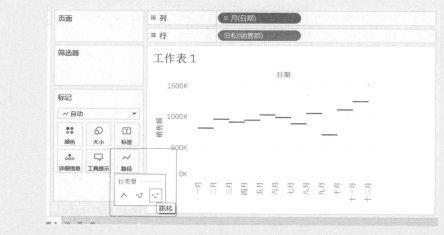

图 2-13　线的路径类型是"跳转"

2.2　折线图格式化

　　折线图格式化比较简单，主要是设置线条颜色、粗细、标记，设置数据标签、设置网格线等。

2.2.1　设置线条颜色和效果

　　单击"颜色"卡，就展开颜色设置面板，如图 2-14 和图 2-15 所示。在这里，我们可以设置颜色、不透明度和效果。

图 2-14　一个度量时的颜色设置面板　　图 2-15　多个度量时的颜色设置面板

　　线条标记中，默认情况下是自动的，也就是没有数据点标记，我们也可以设置显示数据点标记。

　　图 2-16 所示就是一个设置线条颜色和效果后的折线图。

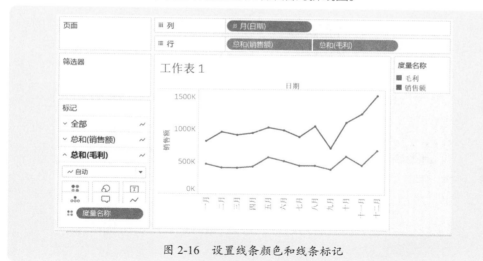

图 2-16　设置线条颜色和线条标记

2.2.2　设置线条粗细

　　首选选择要设置线条粗细的度量（如果是一个度量就不必选择），然后单击"大小"卡，展开设置线条粗细的滑块，拖动滑块，就可以设置线条粗细，如图 2-17 所示。

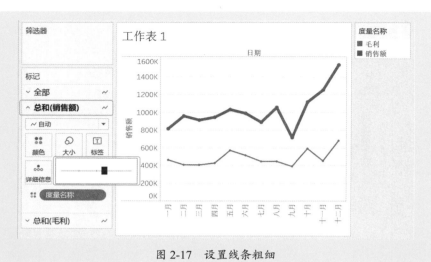

图 2-17　设置线条粗细

2.2.3　设置数据标签

单击工具栏上的"显示数据标签"按钮 ⊞，就可以对所有的度量线条显示数据标签。

如果要单独为某个度量显示数据标签，就先在行区域或者列区域中选择该度量，然后单击"标签"卡，展开数据标签设置面板，如图 2-18 所示，勾选"显示标记标签"复选框，设置字体和对齐，注意还要勾选底部的"允许标签覆盖其他标记"复选框（如果不勾选，当数据较大、数据较多时，某些数据点标签可以不显示）。

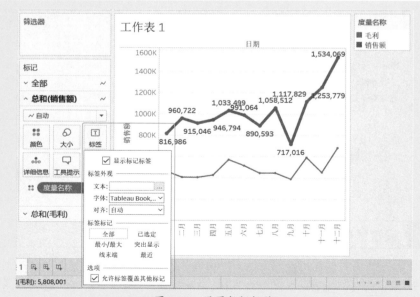

图 2-18　设置数据标签

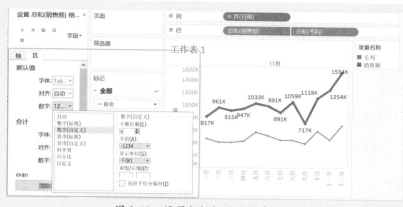

不过要特别注意的是，显示数据标签后，数据标签的数字单位与坐标轴的数字单位可能不一样，因为坐标轴的数字单位是自动的 K 或者 M，因此还需要对折线的数据标签的数字格式进行设置，使坐标轴的数字单位与数据标签的数字单位一致，如图 2-19 所示。

图 2-19　设置数据标签的数字格式

2.2.4　设置详细信息和颜色

例如，如果要观察所有产品各月的销售额，可以将字段"产品"拖放到"详细信息"卡上，同时将字段"产品"拖放到"颜色"卡上，就得到在同一个坐标轴下的各产品在各月的销售折线图，如图 2-20 所示。

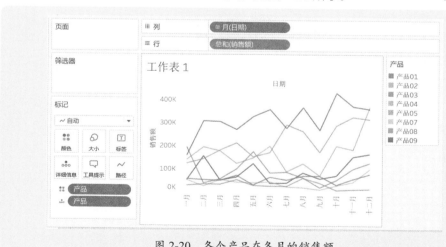

图 2-20　各个产品在各月的销售额

这种情况下，对各产品线条颜色进行设置是非常重要的，否则线条显示的花花绿绿、一团乱麻，就无法清楚地查看各产品的销售情况。

此时，可以使用度量来设置渐变颜色。例如，按照销售额大小来设置渐变颜色，将字段"销售额"拖放到"颜色"卡上，再进行设置颜色，如图 2-21 所示。

第2章　Tableau 常见图表制作与应用：折线图

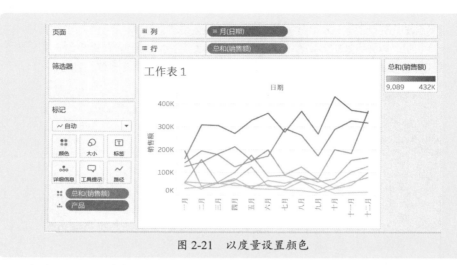

图 2-21　以度量设置颜色

这种设置，无法使人直接观察出每根线条代表哪个产品，不过可以借助光标来显示信息，即光标悬停在某根线条上方，会出现该产品的说明。

2.2.5　设置网格线

在有些情况下，合理设置网格线，犹如一个一个坐标点，可以帮助我们更加清晰地定位数据，观察数据变化。不过，设置网格显示时，还要注意设置坐标轴的刻度和刻度线，以及坐标轴的轴标尺。设置效果如图 2-22 所示。

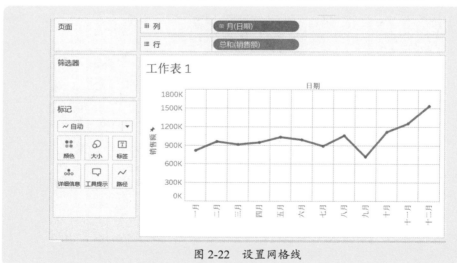

图 2-22　设置网格线

2.3　折线图的几种常见组合与变形

通过与其他图表进行组合，或者设置某些项目（如参考线），我们可以制作更加漂亮的折线图，让数据信息显示得更加清楚。

以形状醒目标注数据点的折线图

尽管我们可以设置折线图的数据点标注，但这种标注不是太明显，因此观察数据的波动还是很直观。我们可以制作"线＋圆"或者"线＋形状"的组合图，对数据点进行醒目标注，如图2-23所示。下面是主要方法和步骤。

首先制作基本的折线图，如图2-24所示是各月销售额折线图。

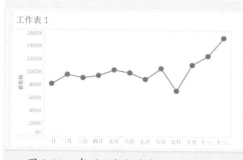

图2-23　有醒目数据点标记的折线图

图2-24　基本折线图

再往行区域里拖放一个"销售额"，生成两个销售额的折线图，如图2-25所示。

将第二个销售额的标记类型从折线改为"圆"，并调整圆的大小，如图2-26所示。

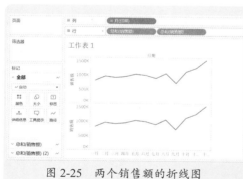

图2-25　两个销售额的折线图

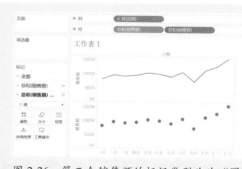

图2-26　第二个销售额的标记类型改为"圆"

将第二个销售额设置为双轴，并同步轴，如图2-27所示，这样两个销售额的折线和圆就重合在一起了。

最后不显示次坐标轴标题，就得到看起来有显著数据点标记的折线图了。

我们可以将第二个销售额圆标记的边界和填充颜色进行设置，例如将标记边界设置为折线颜色，将填充颜色设置为背景颜色，就得到了一个空圆的折线图，如图2-28所示。

第2章　Tableau常见图表制作与应用：折线图

图 2-27　第二个销售额的设置为双轴，并同步轴　　图 2-28　空心圈标记的折线图

我们也可以把第二个销售额的标记类型设置为"形状"，然后选择形状，如图 2-29 所示。

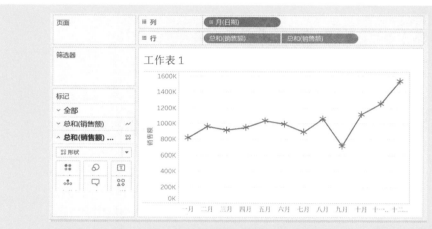

图 2-29　使用形状醒目标注数据点

2.3.2　盒须线和垂直线标识数据的折线图

为了让图表信息显示得更加清晰，可以在数据点添加一条短横线和到分类轴的垂直线，效果如图 2-30 所示。

这个图表实际上是使用盒须图来生成短横线，使用条形图来生成垂直线。下面是主要制作方法。

拖放两个销售额到行区域，第一个销售额的标记类型设置为折线，第二个设置为条形图，然后将第二个设置为双轴，并同步轴，隐藏次坐标轴，得到图 2-31 所示的图表。

在行区域中选择第二个销售额，将条形图的大小设置为最小，条形图就变为一条垂直线，如图 2-32 所示，然后设置条形的颜色。

右击坐标轴，执行"添加参考线"命令，打开"添加参考线"对话框，切换到"盒须图"选项卡，然后设置盒须图的格式，如图 2-33 所示。

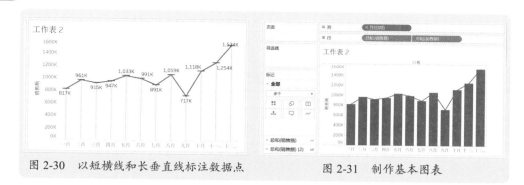

图 2-30　以短横线和长垂直线标注数据点　　　　　图 2-31　制作基本图表

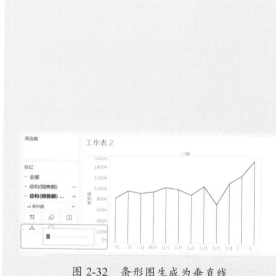

图 2-32　条形图生成为垂直线

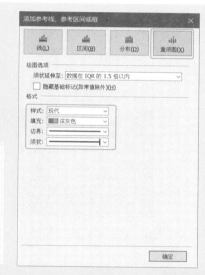

图 2-33　添加盒须图，设置盒须图格式

这样，就得到了图 2-34 所示的图表。

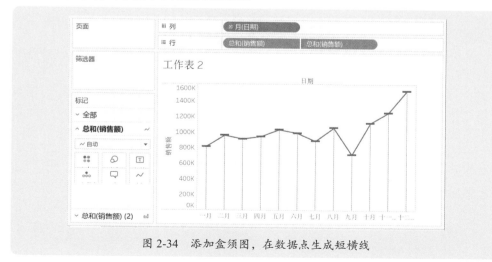

图 2-34　添加盒须图，在数据点生成短横线

最后添加数据标记，设置工作表格式，例如不显示行分隔符和列分隔符，设置数据标签的数字格式，等等，就得到了我们需要的图表。

2.3.3　2 阶颜色标识的上升下降折线图

默认情况下，折线图是一种颜色，没有直观标识数据的上升和下降，因此在分析增长率、毛利率、完成率等指标方面，可以使用 2 阶颜色来标识数据的上升和下降效果，如图 2-35 所示。

这个图表制作是很简单的，将毛利率拖放到"颜色"标记上，然后编辑颜色。为了让上升下降效果更佳突出，工作表背景最好是深色的，因此需要选择合适的色板，然后将渐变颜色设置为 2 阶，并根据实际情况确定是否勾选"倒序"复选框，如图 2-36 所示。

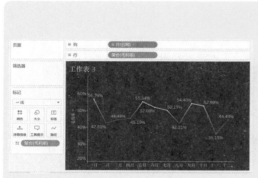

图 2-35　2 阶颜色来标识数据的上升和下降效果　　　图 2-36　编辑 2 阶颜色

2.3.4　山峰叠峦效果的上升下降折线图

在分析销售额、毛利、销售量等指标时，以体量（面积）高低来表示是最好的，会显示像山峰一样的效果。在此基础上，对山峰的锋面颜色设置渐变颜色，数据变化就更清晰了，如图 2-37 所示。

这个图表是折线图与面积图的组合，其中折线图设置为多阶渐变颜色，并合理设置工作表背景颜色。下面是主要制作步骤。

日期按周分类，往行区域拖放两个销售额，第一个设置为面积图（区域），第二个设置为折线图，设置双轴，并同步轴，不显示次坐标轴标题，得到图 2-38 所示的基本图表。

将销售额拖放到"颜色"卡上，然后编辑销售额折线的颜色，主要渐变颜色的阶数要合适，如图 2-39 所示。

这里要注意，销售额折线的颜色要与工作表背景颜色相匹配，因此要合理设置工作表背景颜色、面积图颜色和折线图线条颜色，才能显示出山峰叠峦的效果。

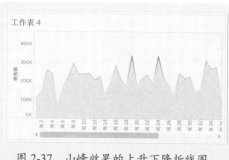

图 2-37　山峰效果的上升下降折线图

图 2-38　制作基本图表

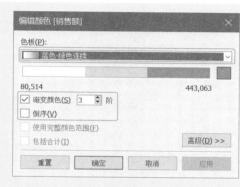

图 2-39　编辑销售额折线的渐变颜色

2.3.5　以两种背景颜色显示增长区域和下降区域的折线图

　　例如，我们要分析月度的环比增长率，希望以零值为界限，将图表区分成零值以上和零值以下两个不同颜色的区域，如图 2-40 所示。

　　这个图表主要通过添加参考线来完成的。下面是主要制作步骤。

　　将销售额拖至行区域和标签卡，添加表计算"百分比差异"，得到环比增长率折线图和标签，如图 2-41 所示。

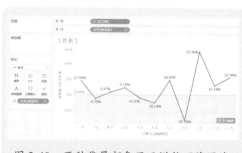

图 2-40　两种背景颜色显示增长下降区域

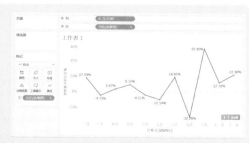

图 2-41　制作环比增长率折线图

　　右击坐标轴，执行"添加参考线"命令，添加一个参考线，做如下设置，如图 2-42 所示。

　　选择参考线类型"线"；

选择"常量",输入"0",标签选择"无";

格式中,选择虚线,设置颜色,并设置向上填充和向下填充的颜色。

如果也希望环比增长率的折线颜色渐变,可以将销售额拖至"颜色"卡上,再编辑颜色,如图 2-43 所示。

图 2-42　添加零值参考线　　　图 2-43　颜色渐变、分上下两个不同颜色区域的环比增长率图表

2.3.6 数据点显示上下箭头的折线图

为了使标识数据的上升情况和下降情况更加醒目,数据点也可以使用上天箭头来标注,如图 2-44 所示。

这个图表的制作也很简单,需要绘制两个源销售额的环比增长率,一个绘制折线图,另一个绘制形状,如图 2-45 所示。

图 2-44　数据点显示上下箭头

图 2-45　绘制折线图,为两个销售额添加表计算"百分比差异"

将销售额拖至"形状"卡上,并添加表计算"百分比差异",得到图 2-46 所示图表。

单击"形状"卡,打开"编辑形状"对话框,如图 2-47 所示。

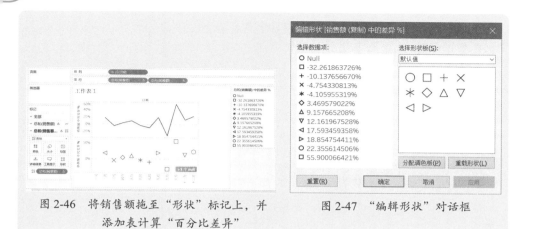

图 2-46 将销售额拖至"形状"标记上，并
添加表计算"百分比差异"

图 2-47 "编辑形状"对话框

在左侧的数据项列表中，选择所有负值，然后选择形状版"箭头"，设置为红色
下箭头，如图 2-48 所示；再选择所有正值，选择绿色上箭头，如图 2-49 所示。这样
就得到了上下箭头标记的折线图了。

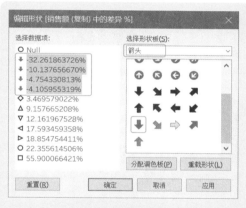

图 2-48 选择负值，设置为下箭头

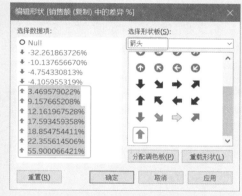

图 2-49 选择正值，设置为上箭头

这样就得到了图 2-50 所示的图表。

将下面的形状图设置双轴，并同步轴，不显示轴标题，如图 2-51 所示。

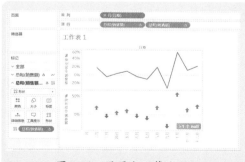

图 2-50 设置上下箭头形状

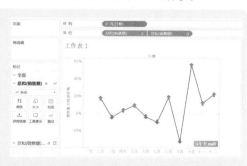

图 2-51 设置双轴，并同步轴

最后对图表进行格式化，例如，将原销售额拖至"颜色"卡上，设置渐变颜色，再显示数据标签，如图 2-52 所示。

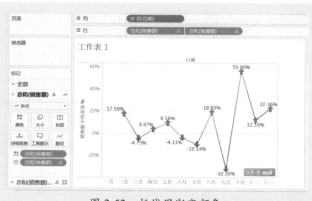

图 2-52　折线用渐变颜色

2.4　利用折线图分析数据

利用折线图来观察数据的波动和变化区域，我们可以添加一些参考线来观察数据波动大小，使用预测模型来观察数据的未来变化趋势，等等。下面我们介绍几个实际应用案例。

2.4.1　标注最高点和最低点

如果要查看折线上最高点和最低点及其对应的月份，可以通过设置标签选项来实现，效果如图 2-53 所示。

这里要特别注意的是，由于要标注销售额最高点和最低点，辅助相应的月份名称，因此要先将销售额拖至"标签"卡上，再将日期拖至"标签"卡上，千万不要把顺序弄反了。

然后单击"标签"卡，展开标签设置面板，再单击"最小 / 最大"，如图 2-54 所示。

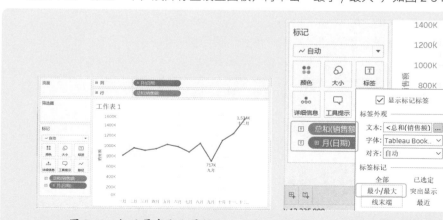

图 2-53　标注最高点和最低点　　　　图 2-54　单击"最小 / 最大"

2.4.2 设置参考线，观察数据波动和偏离度

为折线添加参考线，可以观察数据与参考线的偏离程度。

例如，为折线图添加一个月平均销售额，可以看出哪些月份在月均销售额以上，哪些在月均销售额以下；添加一个最大值线和最小值线，可以观察数波动范围，如图 2-55 所示。

由于要添加三条参考线，需要每次右击坐标轴，执行"添加参考线"命令，然后再添加相应的参考线，如图 2-56 所示就是添加最小值参考线的情况。

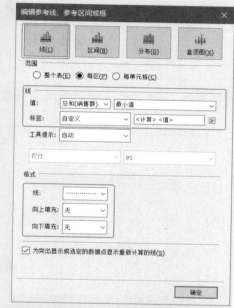

图 2-55　添加参考线：平均值、最大值和最小值　　图 2-56　添加最小值参考线

2.4.3 设置区间，观察数据波动区间

在"添加参考线"对话框中，选择"区间"类型，我们就可以设置数据参考区间，观察数据波动区间，如图 2-57 所示就是自动添加最大值和最小值的分布区间。

设置分布区间时，需要对区间的开始和区间的结束进行设置，区间值可以是最大值、最小值、平均值、中位数等，同时也可以设置线和填充颜色。

51

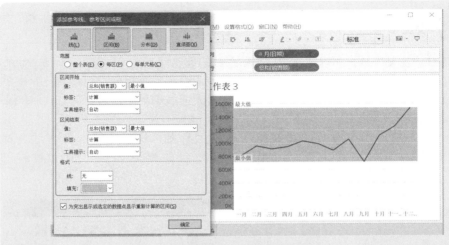

图 2-57　设置分布区间

2.4.4　设置分布，观察数据的分布情况

在数据统计分析中，我们会观察数据分布，此时就可以添加分布进行分析。如图 2-58 所示添加了四分位点分布。

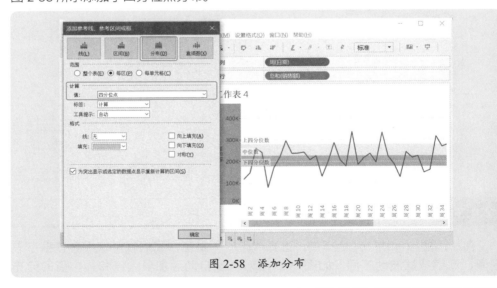

图 2-58　添加分布

2.4.5　添加趋势线，观察数据变化趋势，获取预测公式

我们可以非常方便地在折线图上添加趋势线，并根据实际数据分布情况，选择合适的趋势线模型类型。

添加趋势线的方法是执行"分析"→"趋势线"→"显示趋势线"命令，

如图 2-59 所示；或者右击折线，执行"显示趋势线"命令，如图 2-60 所示。

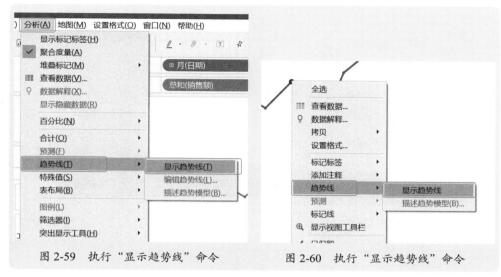

图 2-59 执行"显示趋势线"命令　　　　图 2-60 执行"显示趋势线"命令

这样就自动添加了一个趋势线，如图 2-61 所示。

默认情况下，趋势线是线性，我们需要根据实际数据分布，选择合适的类型。方法是右击趋势线，执行"编辑趋势线"命令，如图 2-62 所示。

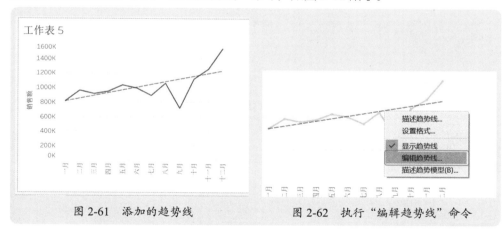

图 2-61 添加的趋势线　　　　图 2-62 执行"编辑趋势线"命令

在打开的"趋势线选项"对话框中，选择模型类型，并根据需要再设置其他选项，如图 2-63 所示。

右击趋势线，执行"设置格式"命令，可以对趋势线的线条、颜色等进行设置。

右击趋势线，执行"描述趋势线"命令，打开"描述趋势线"窗口，查看趋势线模型方程等信息，如图 2-64 所示。

右击趋势线，执行"描述趋势模型"命令，打开"描述趋势模型"窗口，可以更加详细地了解趋势模型的情况，如图 2-65 所示。

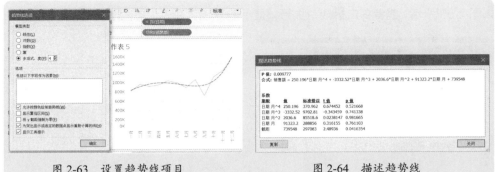

图 2-63　设置趋势线项目　　　　　　　　　图 2-64　描述趋势线

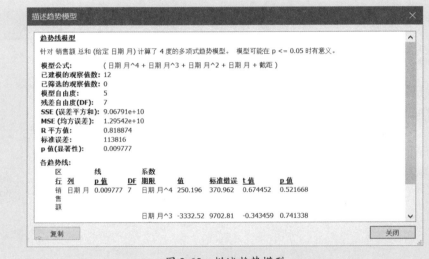

图 2-65　描述趋势模型

2.5　几个实际应用案例

了解了折线图的基本制作方法和一些组合应用后，下面我们介绍几个经典实际应用，以扩展思路，提升数据分析能力。

2.5.1　销售环比分析

对于销售流水数据，我们可以通过添加表计算来制作月度环比分析折线图，图 2-66 所示就是一个简单示例。这个图表有以下几个特点：

（1）折线图显示环比增长率，也就是某个月和上个月相比的增长率；

（2）用两种颜色标识环比增长和环比下降的情况；

（3）使用零值参考线来标识上升和下降区域。

这个图表的制作方法，前面相关案例已有不少介绍，这里不再赘述。

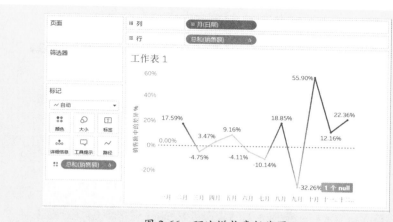

图 2-66　环比增长率折线图

2.5.2 ▶ 销售同比增长分析

现有一个 Excel 文件"案例 2-3.xlsx"，里面有两个工作表"去年"和"今年"，如图 2-67 所示，现在需要做两年销售同比分析。

图 2-67　两年销售数据

图 2-68 所示是一个关于销售额同比分析的示例。

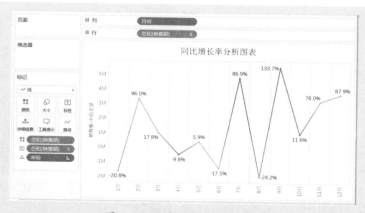

图 2-68　两年销售额同比分析

建立数据连接，创建并集，如图 2-69 所示。

图 2-69　创建并集

隐藏最右侧一列，然后将列"Sheet"重命名标题为"年份"，如图 2-70 所示。

图 2-70　合并并整理后的数据

将"月份"拖至列区域，将"销售额"拖至行区域，再分别将"年份"拖至"颜色"标记和"详细信息"卡上，然后将默认的标记类型"条形图"改为"线"，得到图 2-71 所示折线图。

单击"标记"卡的"年份"，执行"排序"命令，如图 2-72 所示。打开"排序"对话框，排序依据选择"手动"，然后将"去年"调整到第一个，如图 2-73 所示。

再右击行区域的"销售额"，执行"添加表计算"命令，如图 2-74 所示。打开"表计算"对话框，计算类型选择"百分比差异"，计算依据选择"特定维度"，并勾选"年份"复选框，"相对于"选择"上一"，如图 2-75 所示。

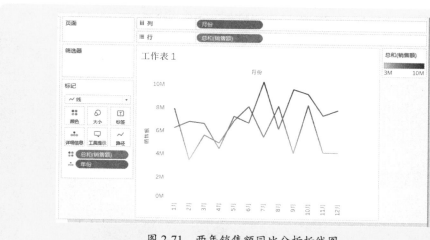

图 2-71　两年销售额同比分析折线图

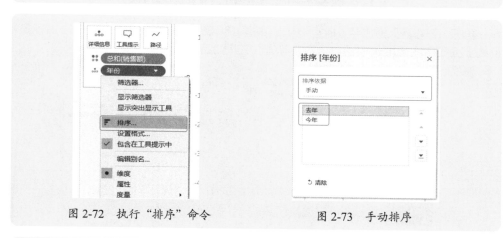

图 2-72　执行"排序"命令　　　　　　　图 2-73　手动排序

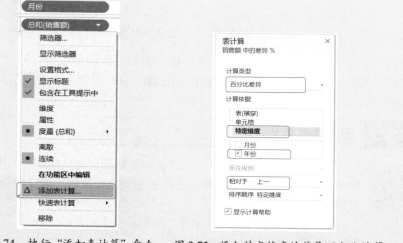

图 2-74　执行"添加表计算"命令　　图 2-75　添加特定维度的差异百分比计算

这样就得到了两年销售额同比分析折线图，如图 2-76 所示。

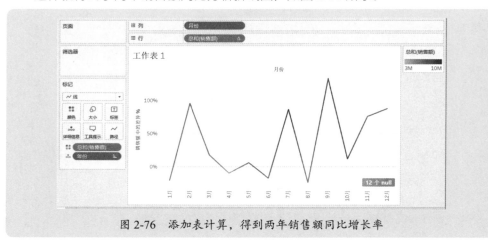

图 2-76　添加表计算，得到两年销售额同比增长率

再将"销售额"拖放至"标签"卡上，并添加"表特定维度的差异百分比"表计算，折线上会显示同比增长率百分比数字标签，如图 2-77 所示。

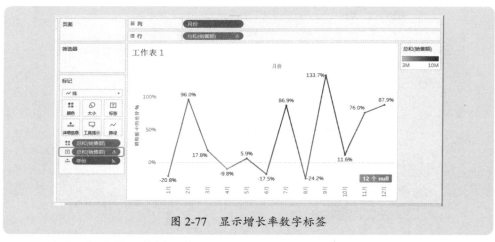

图 2-77　显示增长率数字标签

最后对工作表做一些其他的必要设置，例如隐藏颜色图例，修改工作表标题，设置网格线，设置行列分隔线，不显示 null 指示器，等等，就完成了两年销售同比分析报表。

2.5.3　历年排名变动分析

图 2-78 所示是各地区历年销售收入数据，如何绘制一个图表，可以直观地查看每个地区各年销售排名的变化情况？此时，可以绘制排名分析图，效果如图 2-79 所示。

本案例数据源是 Excel 文件"案例 2-4.xlsx"。

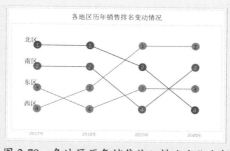

	A	B	C	D	E
1	地区	2017年	2018年	2019年	2020年
2	北区	1934	1605	1039	886
3	南区	1420	1604	447	1007
4	西区	439	1212	1720	1237
5	东区	682	434	746	982
6					

图 2-78　各地区历年销售收入数据　　　　图 2-79　各地区历年销售收入排名变化分析

这个分析图表也是折线图组合出来的，下面是主要制作步骤。

首先建立查询，进行转置，生成一维表，如图 2-80 所示。

做基本布局：

（1）列区域拖入"年份"；

（2）行区域拖两个"收入"，一个设置为折线，另一个设置为形状（实心圆）；

（3）在标记卡中选择"全部"，将"地区"拖至"颜色"卡上；

（4）设置双轴，并同步轴；

（5）不显示次坐标轴标题和列字段标签以及图例卡。这样就得到如图2-81所示的图表。

图 2-80　数据整理　　　　　　　　图 2-81　制作基本图表

对行区域的两个收入分别添加"排序"表计算，如图 2-82 所示。

这样就得到如图 2-83 所示的图表。

 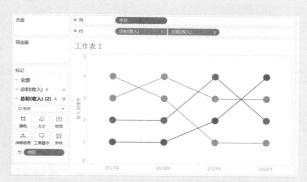

图 2-82　添加"排序"表计算　　　　图 2-83　添加"排序"表计算后的图表

右击坐标轴，打开"编辑轴"对话框，选择"倒序"复选框，如图 2-84 所示，这样从上到下就是各地区数据按从大到小排序。隐藏坐标轴标题。

先选择第二个收入（就是绘制形状的那个收入），然后将"收入"拖至"标签"卡上，并添加"排序"表计算，同时设置标签居中对齐，再根据需要调整实心圆的大小和字体大小，就得到如图 2-85 所示的图表。

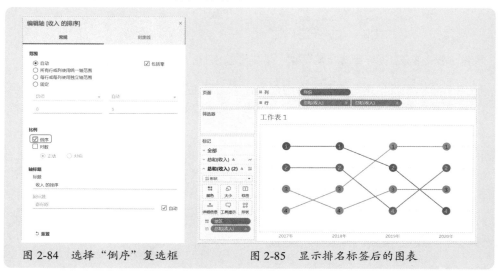

图 2-84 选择"倒序"复选框   图 2-85 显示排名标签后的图表

再选择第一个收入（就是绘制折线的那个收入），然后将"地区"拖至"标签"卡上，并设置标签对齐方式等选项，如图 2-86 所示，再根据需要调整实心圆的大小和字体大小，就得到如图 2-87 所示的图表。

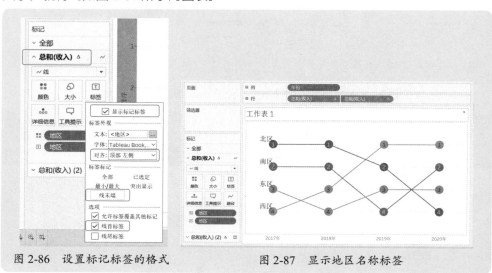

图 2-86 设置标记标签的格式   图 2-87 显示地区名称标签

最后修改工作表标题，根据需要再做其他的格式设置，就完成了各地区历年销售排名变动情况分析图。

第3章

Tableau 常见图表制作与应用：面积图

　　面积图在 Tableau 中就是"区域图"，主要用来显示一段时间内变动的幅值，既可以看到数据变化波动，也可以直观地看到体量的大小。

　　本章介绍面积图的基本制作方法和技巧，以及一些主要应用案例。

3.1 面积图制作方法

面积图的制作很简单，下面介绍面积图的基本制作方法、技巧和一些注意事项。

3.1.1 基本制作方法

 默认情况下，绘制的图表可能是条形图或者折线图，如图 3-1 所示，因此需要将标记类型设置为"区域图"，才能得到面积图，如图 3-2 所示。本案例数据源是 Excel 文件"案例 3-1.xlsx"。

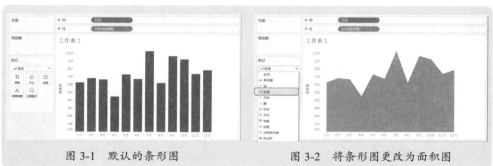

图 3-1 默认的条形图　　　　　　　　图 3-2 将条形图更改为面积图

如果交换行和列，就得到了图 3-3 所示水平布局的面积图。

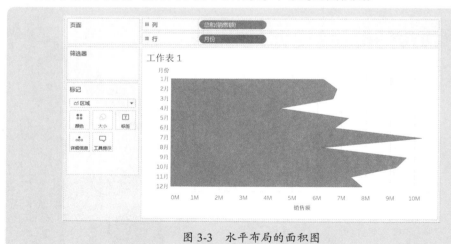

图 3-3 水平布局的面积图

3.1.2 不同布局下的面积图

 行区域和列区域布局因为有不同维度和度量，因此会得到不同的面积图，于是就有不同的分析数据视角。

图 3-4（a）所示是分开展示的各产品在各月销售的面积图，各产品的坐标轴刻度是一样的，垂直排列各产品，可以一目了然地看出哪个产品销售最大，哪个产品各月变动最大。

图 3-4（b）是另外一种布局，在横向上分别展示各产品各月的销售，因此看起来比图 3-4（a）更加直观些。

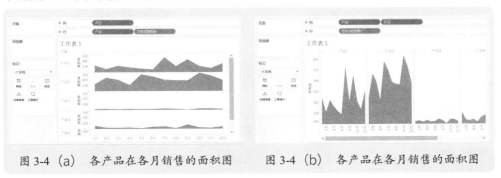

图 3-4（a）　各产品在各月销售的面积图　　图 3-4（b）　各产品在各月销售的面积图

图 3-5 是分析各月销量和销售额的面积图，默认情况下会绘制出两个面积图，分开展示。

不过，如果两个度量是逻辑关联的，例如销售额和毛利，那么两个不同坐标轴的面积图容易引起误读，因此需要设置双轴，并同步轴，如图 3-6 所示。

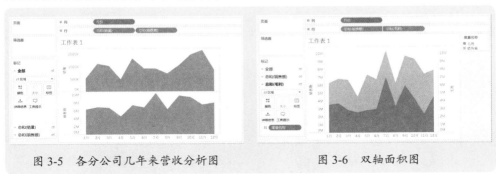

图 3-5　各分公司几年来营收分析图　　　　图 3-6　双轴面积图

堆积面积图

如果要绘制堆积面积图，例如对所有产品绘制面积图，每个产品的面积图堆积起来，既可以查看每个产品，也可以看所有产品的合计数，就把维度"产品"拖放至"颜色"卡上，那么就得到图 3-7 所示的堆积面积图。

对于堆积面积图而言，合理设置每个面积图的颜色是很重要的，这不仅让图表看起来更美观，也让每部分面积显示得更加清晰。一般来说，使用同一色系的渐变颜色是比较好的，如图 3-8 所示。

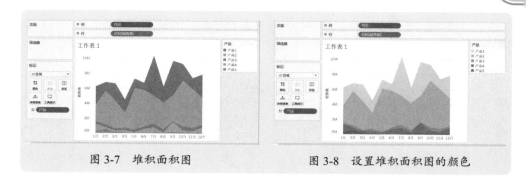

图 3-7　堆积面积图　　　　　　　图 3-8　设置堆积面积图的颜色

3.2 面积图格式化

面积图格式化也比较简单，主要是设置颜色、数据标签、网格线等。

3.2.1 设置颜色

单击"颜色"卡，展开颜色设置面板，就可以设置面积图的颜色、不透明度、边界线条，如图 3-9 所示。

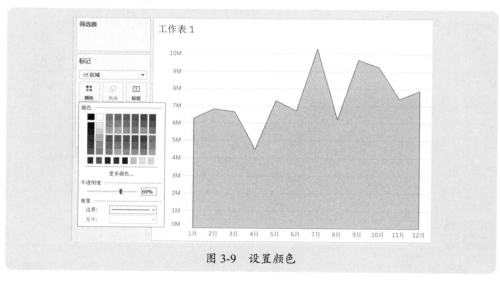

图 3-9　设置颜色

3.2.2 设置数据标签

将字段拖至"标签"卡，或者单击"标签"卡，展开数据标签设置面板，勾选"显示标记标签"复选框，并设置字体和对齐，注意还要勾选底部的"允许标签覆盖其他标记"复选框，面积图上就会显示数据点的数据标签，如图 3-10 所示。

不过要注意，还需要设置数据标签的数字格式，以使其数字单位与坐标轴单位一致，如图 3-11 所示。

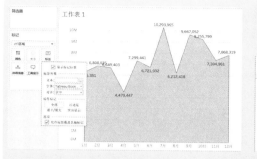

图 3-10　设置数据标签　　　　　　图 3-11　设置数据标签的数字格式

3.2.3 ▶ 设置网格线

有些情况下，合理设置网格线，并配合设置颜色不透明度，可以使面积图显示得更加美观，隐隐出现的网格线条既不影响美观，也增强了图表的可阅读性。图 3-12 所示是一个设置效果。

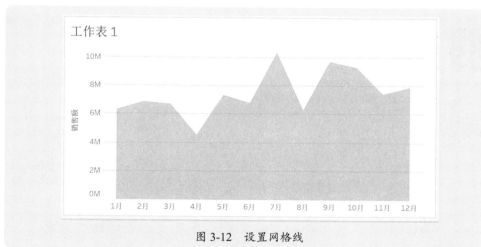

图 3-12　设置网格线

3.3 面积图与其他图表组合应用

为了使面积图的可阅读性更强，更加美观，可以将面积图与其他图表进行组合，这些组合基本上都要设置双轴和同步轴。下面我们介绍几个组合应用。

3.3.1 ▶ 面积图与折线图组合

面积图与折线图组合，通过设置折线图的线条格式，可以突出显示面积图顶部的边界，图 3-13 所示就是一个组合效果图。

这个双轴图表，一个是面积图，另一个是折线图。

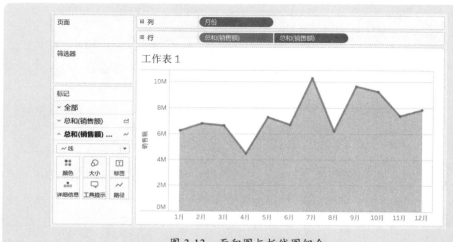

图 3-13　面积图与折线图组合

3.3.2 ▶ 面积图与圆图组合

　　面积图与圆图组合，可以醒目地显示标注面积图的每个数据点，效果如图 3-14 所示。
　　这个双轴图表，一个是面积图，另一个是圆图。

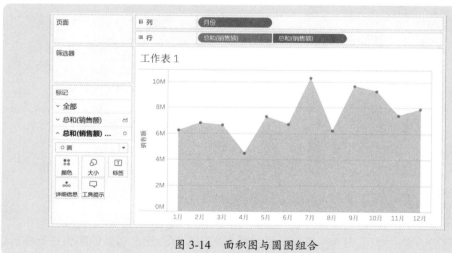

图 3-14　面积图与圆图组合

3.3.3 ▶ 面积图与形状图组合

　　面积图与形状图组合，可以有更多的形状来修饰顶端的数据点标记，如图 3-15 所示。
　　这个双轴图表，一个是面积图，另一个是形状图。

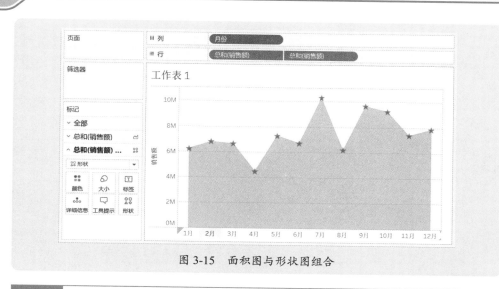

图 3-15　面积图与形状图组合

3.3.4 面积图与条形图组合

面积图与条形图组合，将条形图的大小设置为最小，并设置合适的条形颜色，那么就可以生成一个数据点的垂直线，如图 3-16 所示。

这个双轴图表，一个是面积图，另一个是条形图。

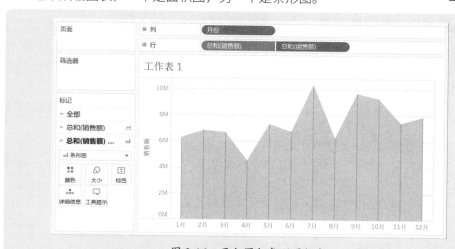

图 3-16　面积图与条形图组合

3.3.5 面积图与密度图组合

面积图与密度图组合，可以使标识面积图的数据点更加醒目，如图 3-17 所示。

这个双轴图表，一个是面积图，另一个是密度图。

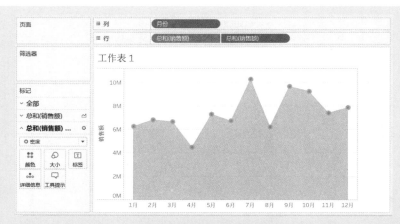

图 3-17　面积图与密度图组合

3.4　利用面积图分析数据

利用面积图来观察数据的波动和变化区域，我们可以添加一些参考线来观察数据波动大小，使用预测模型来观察数据的未来变化趋势，等等。下面我们介绍几个实际应用案例。

3.4.1　百分比堆积面积图观察各类数据的占比变化情况

 也许我们要分析这样的数据：产品分两类——零件和材料，它们在各月的销售是不同的，现在要观察这两类产品销售的结构占比在各月的变化情况，看看哪类产品销售占比在逐步上升，效果如图 3-18 所示。

这个图表的特点是两类产品的占比在各月的情况在中间用一条显著的分割线分开了。

本案例数据源是 Excel 文件"案例 3-2.xlsx"。

这个图表的制作需要使用表计算，创建计算字段，使用双轴等技能，下面是主要制作步骤。

将"月份"拖至列区域，将"销售额"拖至行区域，将"产品类别"拖至"颜色"标记上，再将标记类型设置为面积图，如图 3-19 所示。

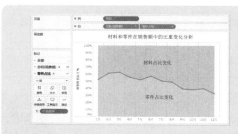

图 3-18　反映两类产品销售数据占比变化的
　　　　　百分比面积图

图 3-19　制作基本的堆积面积图

在行区域右击销售额，执行"添加表计算"命令，打开"表计算"对话框，计算类型选择"合计百分比"，计算依据选择"特定维度"，并勾选"产品类别"，如图 3-20 所示。这样就得到了堆积百分比条形图。

创建一个计算字段"零件销售额"，公式如下，如图 3-21 所示。

IF [产品类别]=" 零件 " THEN [销售额] END

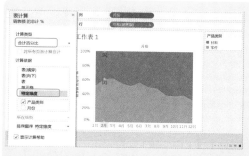

图 3-20　添加"合计百分比"的表计算

图 3-21　计算字段"零件销售额"

创建一个计算字段"零件百分比"，公式如下，如图 3-22 所示。注意要单击对话框右下角的"默认表计算"蓝色字体按钮，设置表计算，选择"产品类别"，如图 3-23 所示。

SUM([零件销售额]) / TOTAL(SUM([销售额]))

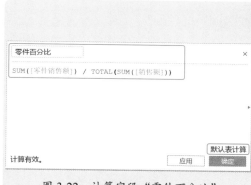

图 3-22　计算字段"零件百分比"

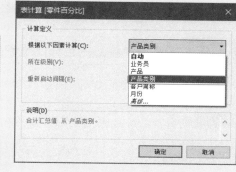

图 3-23　设置表计算

将计算字段"零件百分比"拖至行区域，并将这个度量的标记类型设置为折线图，得到了如图 3-24 所示的图表。这个折线就是材料和零件之间的分隔线。

将"零件百分比"设置为双轴，并同步轴，不显示该轴标题，得到图 3-25 所示的图表。

单击"颜色"卡，打开编辑颜色面板，对颜色进行设置，然后选择"零件百分比"，设置线条大小，如图 3-26 所示。

分别为零件面积部分和材料面积部分添加注释，隐藏图例及列标签标题，调整视图大小，修改工作表标题及格式，添加列网格线，就得到了我们需要的图表。

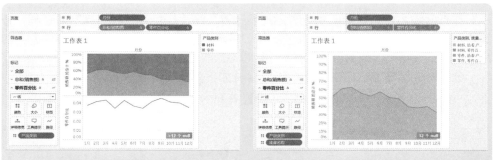

图 3-24 添加"零件百分比"	图 3-25 将"零件百分比"设置为双轴，并同步轴

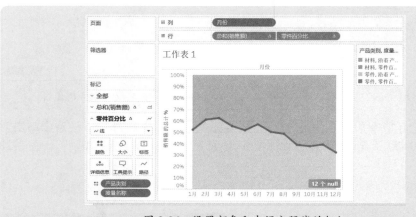

图 3-26 设置颜色和中间分隔线的粗细

3.4.2 各产品销售额的百分比堆积面积图

前面我们介绍的是两个类别的百分比堆积面积图分析方法，如果类别很多，也可以绘制堆积百分比条形图，核心技能就是设置"合计百分比"的表计算，如图 3-27 所示。得到的图表效果如图 3-28 所示。

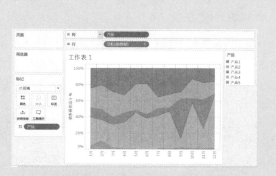

图 3-27 设置表计算	图 3-28 各产品销售额占比面积图

3.4.3 各产品累计销售额的百分比堆积面积图

上个例子是计算各产品在当月的销售额百分比堆积面积图,如何制作分析各产品累计销售额的百分比堆积面积图呢?此时也需要添加表计算,不过还要添加辅助计算,如图 3-29 所示。

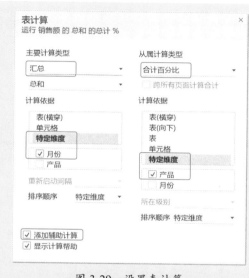

图 3-29　设置表计算

这里,主要计算类型选择按照"月份"做汇总,也就是按月累计;从属计算类型选择按照产品做"合计百分比",也就是计算每个产品的占比。

图表效果如图 3-30 所示,这个图表反映的是截至每个月,每个产品累计销售额占该月累计总销售额的百分比。

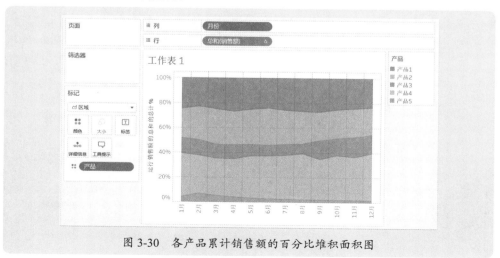

图 3-30　各产品累计销售额的百分比堆积面积图

第3章　Tableau 常见图表制作与应用∷面积图

第4章

Tableau 常见图表制作与
应用：气泡图

气泡图在 Tableau 中就是"圆"，是以圆形来表示数据大小，或者以圆形来展示数据分布。

本章介绍气泡图的基本制作方法和技巧，以及一些主要应用案例。

4.1 气泡图制作方法

气泡图的制作很简单。下面介绍气泡图的基本制作方法、技巧和一些注意事项。

4.1.1 比较大小的气泡图

以 Excel 文件"案例 4-1.xlsx"的数据为例,将"产品"拖至列区域,将"销售额"拖至行区域,将默认的条形图换成"圆",就得到了图 4-1 所示的圆圈(气泡图)。

气泡图的主要用途是形象、直观地显示数据大小或者分布。这个例子是要比较并查看各种产品销售额的大小,看看谁吹的泡泡最大,谁吹的颜色最亮,因此还需要把"产品"拖放至"颜色"卡上,把"销售额"拖放至"大小"卡上,得到如图 4-2 所示的图表。

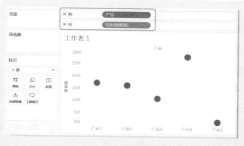

图 4-1 默认的气泡图

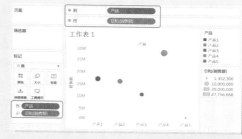

图 4-2 用不同颜色和大小表示产品销售额的气泡

然后编辑颜色,设置大小,就得到了形象直观的产品销售额气泡图,如图 4-3 所示。

如果要查看每种产品在各月的销售额气泡图,需再将"月份"拖至列区域,得到如图 4-4 所示的图表。

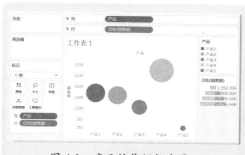
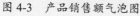

图 4-3 产品销售额气泡图

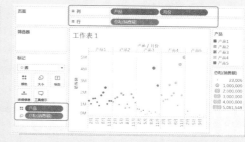

图 4-4 每种产品在各月的销售额气泡图

4.1.2 展示分布的气泡图

某些情况下,需要观察数据分布,例如,不同销售额下毛利的分布(同样的销售额,可能毛利并不一样,对不同的客户,会有不同的销售价格和折扣、不同的销售成本），可以制作销售额 – 毛利分布图来分析这样的问题。

以 Excel 文件"案例 4-1.xlsx"的数据为例，将"销售额"拖至列区域，将"毛利"拖至行区域，如图 4-5 所示，然后将"销售额"设置为"维度"，将标记类型设置为"圆"，将"客户简称"拖至"颜色"卡上，就得到了如图 4-6 所示的圆图（气泡图）。

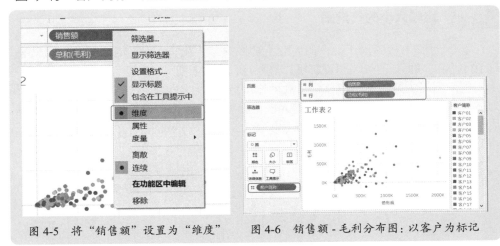

图 4-5　将"销售额"设置为"维度"　　图 4-6　销售额 - 毛利分布图：以客户为标记

从这个图表可以看出，订单的销售额主要在 100 万元以下，毛利则集中在 50 万元以下。

如果把"产品"拖至"颜色"卡上，并编辑颜色，就得到了如图 4-7 所示的图表，这个图表可以很清楚地看出各种产品的销售额 – 毛利的分布情况。

如果要对每种产品的销售额 – 毛利进行单独查看分析，可以做如图 4-8 所示的图表。

图 4-7　销售额 – 毛利分布图：以产品为标记　　图 4-8　按产品查看销售额 – 毛利分布

4.1.3　填充气泡图

　前面介绍的是将维度和度量拖放至行区域和列区域，这样得到的气泡根据维度或度量显示在不同位置。

如果要将这些气泡放在一起进行比较，可以直接将维度和度量拖至"颜色""大小"和"标签"卡上，如图 4-9 所示。

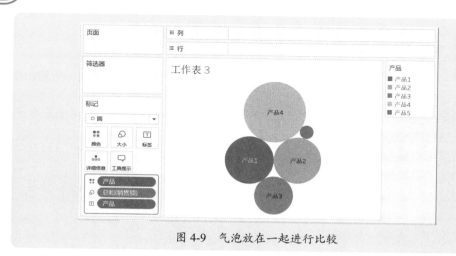

图 4-9　气泡放在一起进行比较

这种气泡图，也被称为填充气泡图。

4.2　气泡图格式化

气泡图格式化也比较简单，主要是设置颜色、数据标签、大小等。

4.2.1　设置气泡大小

既然气泡图主要是用来以气泡展示数值大小的，因此要设置气泡大小，就需要将度量拖至"大小"卡上，然后根据视图区范围来调节气泡大小，如前面的图 4-3 所示。

4.2.2　设置气泡颜色

设置气泡颜色的方法有两种：一种是以维度设置颜色，从而区分不同的项目；另一种是以度量设置颜色，不同颜色更加突出标识数值大小。

将维度拖至"颜色"标记上，就是以不同项目颜色来表示气泡大小，如前面的图 4-9 所示。

很多情况下，如果要从比较密集的圆点中比较清楚地观察区分每个项目，那么就需要以维度来设置颜色，这样图表看起来更加美观和清晰，如图 4-7 所示。

图 4-10 和图 4-11 所示是以不同颜色的气泡标识项目的示例效果。

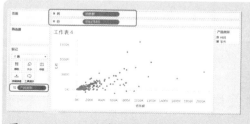

图 4-10　以不同颜色的气泡标识各项目（1）

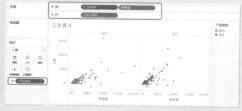

图 4-11　以不同颜色的气泡标识各项目（2）

4.2.3 ▶ 设置数据标签

对于分布分析的气泡图，是没必要也没办法显示标签的，但是对于比较大小的气泡图，显示标签就很重要了。

在显示标签时，要同时显示项目名称和具体数值，还要注意根据具体情况来确定是否允许标签覆盖其他标记。

将维度和度量拖至"标签"卡上，然后设置标签格式（字体、对齐等），就在气泡上显示出了数据标签，如图 4-12 所示。

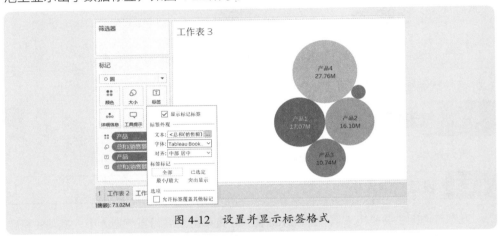

图 4-12　设置并显示标签格式

4.2.4 ▶ 添加趋势线

为分布式的气泡图添加趋势线是很有用的，图 4-13 和图 4-14 所示就是添加了线性趋势线的效果，从图中可以看出，零件销售的盈利能力（反映毛利率情况）要高于材料的销售能力。

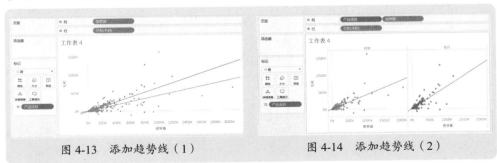

图 4-13　添加趋势线（1）　　　　图 4-14　添加趋势线（2）

4.3　气泡图与其他图表的联合使用

将气泡图与其他图表联合使用，可以使数据分析图表更加有趣和清晰，例如，将气泡图与折线图组合，与面积图组合，与条形图组合，与密度图组合，与饼图组合，等等。

这些组合的应用都要设置双轴和同步轴，一个是气泡图，一个是另一种图表。

4.3.1 气泡图与折线图组合

把气泡图与折线图组合起来，使用折线图展示变化趋势，使用气泡图展示每个点的数据大小，是一种比较直观、比较趣味的图表，如图 4-15 所示。

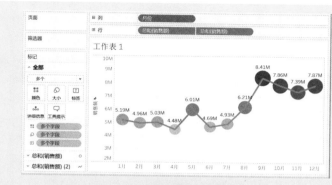

图 4-15 气泡图与折线图组合

这个图表的制作要点是：

● 制作双轴图表，一个是销售额折线图，另一个是销售额气泡图；
● 将气泡销售额拖至"颜色"卡和"大小"卡上，然后编辑气泡颜色，调节气泡大小；
● 显示销售额标签，设置字体格式和数字格式。

4.3.2 气泡图与面积图组合

气泡图与面积图组合，可以使背景显得更加充实，如图 4-16 所示。其制作方法与上面的气泡图与折线图组合是一样的，将折线图改成面积图即可。

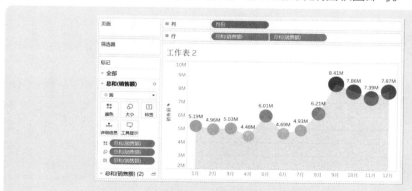

图 4-16 气泡图与面积图组合

4.3.3 气泡图与条形图组合

如果把上述的折线图换成条形图，再设置条形图的大小为最小，会产生什么效果呢？如图 4-17 所示，一个个大小不一的气泡被一根根垂直线拉着。不过要注意，条形图的颜色要与气泡颜色一致，否则会显得很生硬。

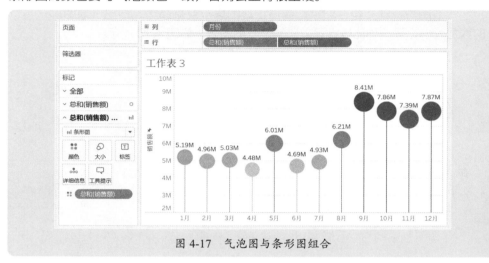

图 4-17　气泡图与条形图组合

4.3.4 气泡图与密度图组合

如果将上述的折线图改成密度图，并合理设置密度的颜色和透明度，那么就得到图 4-18 所示的图表，每个气泡中嵌入了一个圆孔。不过，每个气泡中嵌入的圆孔大小是一样的，无法跟气泡大小做协调性调整。

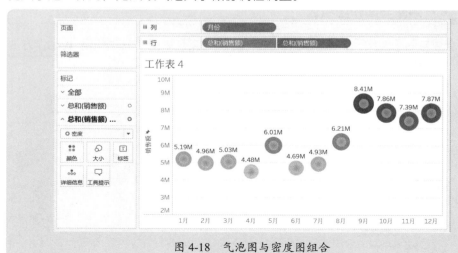

图 4-18　气泡图与密度图组合

4.4 利用气泡图分析数据

前面几节介绍了气泡图的基本制作方法和格式化方法，下面介绍几个利用气泡图分析数据的例子。

4.4.1 考勤统计分析

图 4-19 所示是从考勤机导出的刷卡考勤数据，现在需要对每个部门的迟到时间进行统计分析，以每个部门每个人迟到分钟总数为分析依据。

本数据源是 Excel 文件"案例 4-2.xlsx"。

建立数据连接，然后创建一个计算字段"迟到分钟"，计算迟到分钟数，公式如下，如图 4-20 所示。

int(MAX([签到时间]–MAKETIME(8,30,0),0)*24*60)

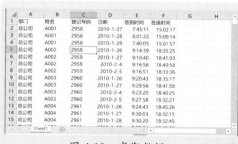

图 4-19　考勤数据

图 4-20　创建计算字段，计算迟到分钟数

将"部门"拖至列区域，将"迟到分钟"拖至行区域、"颜色"卡和"大小"卡上，然后编辑颜色，设置大小，并添加一个平均值参考线，就得到如图 4-21 所示的各部门迟到总分钟数气泡图。

再对字段"部门"进行排序设置，排序依据选择"字段"，字段名称选择"迟到分钟数"，排序顺序按默认的升序，如图 4-22 所示。

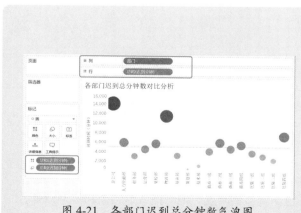

图 4-21　各部门迟到总分钟数气泡图

图 4-22　设置字段"部门"的排序

这样就得到了气泡从小到大排列的图表，如图 4-23 所示。

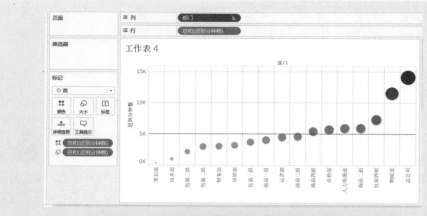

图 4-23　各个部门迟到总分钟数排名的气泡图

4.4.2　盈亏分布

获取了各门店的销售额和净利润数据，就可以对这些数据进行可视化处理，以便对盈亏分布情况一目了然。图 4-24 所示就是一个示例。本案例数据源是 Excel 文件"案例 4-3.xlsx"。

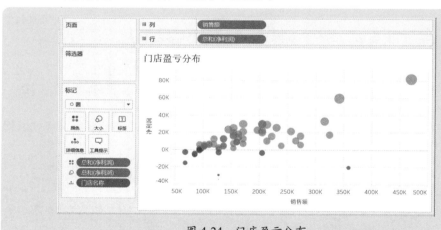

图 4-24　门店盈亏分布

图 4-24 所示图表的制作要点是：

- 将"销售额"拖至列区域，并将其设置为"维度"；
- 将"净利润"拖至行区域、"颜色"卡上、"大小"卡上；
- 将图表类型改为"圆"；
- 将"门店名称"拖至"详细信息"卡上；
- 设置气泡颜色为二阶渐变颜色，调整透明度，把亏损气泡和盈利气泡分开。

4.4.3 ▶ 四象限分布

某些情况下，需要对客户人群对商品的嗜好倾向进行调查，并做出诸如套装 – 休闲、流行 – 传统、男性 – 女性等的相对分布统计分析。这时，可以使用相对评价坐标图来进行嗜好倾向的统计分析。

图 4-25 所示为某服装企业对不同服装品牌的调查统计结果，百分比数字表示套装 – 休闲和流行 – 传统的趋势，例如，B 列的百分数越大，表示越趋向于休闲服，百分数越小，表示越趋向于套装；C 列的百分数越大，表示越趋向于传统型，百分数越小，表示越趋向于流行型。

	A	B	C
1	类别	套装-休闲	流行-传统
2	A 类服装	36.45%	42.65%
3	B 类服装	52.89%	63.87%
4	C 类服装	67.24%	72.21%
5	D 类服装	65.16%	37.88%
6	E 类服装	22.48%	55.12%
7			

图 4-25　调查统计表

对这样的数据，可以绘制四象限气泡图，效果如图 4-26 所示。

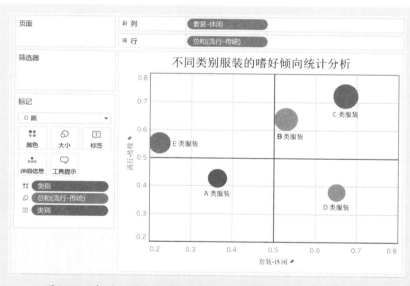

图 4-26　相对评价气泡图，不同类别服装的嗜好倾向统计分析

制作这种图并不难，就是格式设置步骤比较麻烦，下面是制作要点：

● 将"套装 – 休闲"拖至列区域，并将其设置为"维度"；

第 4 章　Tableau 常见图表制作与应用∴气泡图

- 将"流行 – 传统"拖至行区域和"大小"卡上;
- 将图表类型改为"圆";
- 将"类别"拖至"颜色"卡上和"标签"卡上;
- 编辑气泡颜色;
- 设置气泡大小;
- 设置"套装 – 休闲"坐标轴和"流行 – 传统"坐标轴的刻度、范围均设置为固定的 0.2 ~ 0.8;刻度线设置为固定的 0 ~ 0.1;
- 为两个坐标轴分别添加常量为 0.5 的参考线;
- 设置工作表边界的行分隔符和列分隔符(线条颜色和粗细);
- 设置两个坐标轴的轴标尺(线条颜色和粗细)
- 设置工作表的行网格线和列网格线(线条颜色和粗细);
- 编辑工作表标题。

第5章

Tableau 常见图表制作与应用：饼图

饼图主要用于显示个体与整体的比例关系，显示数据项目相对于总量的比例，每个扇区显示其占总体的百分比，所有扇区百分数的总和为 100%。

本章介绍饼图的基本制作方法和技巧，以及一些主要应用案例。

5.1 饼图制作方法

饼图的制作很简单，但也有一些要特别注意的问题。下面介绍制作饼图的基本方法、技巧和注意事项。

5.1.1 基本方法

 饼图的特点是每块扇形代表一个项目大小，每块扇形是一种颜色，因此制作饼图时，需要将代表项目的字段拖放到"颜色"卡上，将代表扇形大小的字段拖至"大小"卡上。

本案例数据源是 Excel 文件"案例 5-1.xlsx"。

例如，要对每个地区销售额制作饼图，分析每个地区的占比，首先在标记类型中选择"饼图"，将"地区"拖至"颜色"卡上，将"实际销售额"拖至"大小"卡上，得到如图 5-1 所示的饼图。

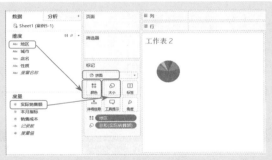

图 5-1　制作饼图

5.1.2 方形图转换为饼图

默认情况下，如果直接将"地区"拖至"颜色"卡上，将"实际销售额"拖至"大小"卡上，就得到了如图 5-2 所示的方形图。此时，需要再从标记类型中选择"饼图"，才能得到真正的饼图。

图 5-2　默认的方形图

5.1.3 条形图转换为饼图

可以直接向行区域和列区域拖放维度和度量，然后在"智能显示"面板中转换饼图。

将"地区"拖至行区域，将"实际销售额"拖至列区域，得到如图 5-3 所示条形图。

展开"智能显示"面板，单击"饼图"，就可得到包含所有地区销售占比的饼图，如图 5-4 所示，完成后再隐藏"智能显示"面板。

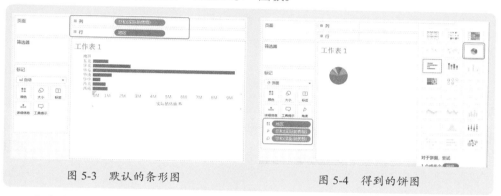

图 5-3　默认的条形图　　　　　　图 5-4　得到的饼图

这种方法实际上就是将原先放到行区域和列区域的维度和度量，挪到了"标记"卡中，同时还出现了一个"角度"卡。

5.1.4 制作多个饼图

在制作完成基本饼图后，可以将需要进行单独分析的维度拖放到行区域或者列区域，那么就得到了该维度下各个项目的饼图，如图 5-5 和图 5-6 所示。饼图越大，说明该项目总金额越大。

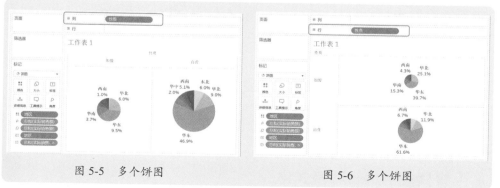

图 5-5　多个饼图　　　　　　　　图 5-6　多个饼图

为了使整个视图美观，这里已经对饼图进行了格式化处理。关于如何格式化，在 5.2 节进行介绍。

如果要使每个项目的饼图一样大小,那么就需要把表示大小的字段从"大小"卡中拖到"角度"卡中,如图 5-7 所示。

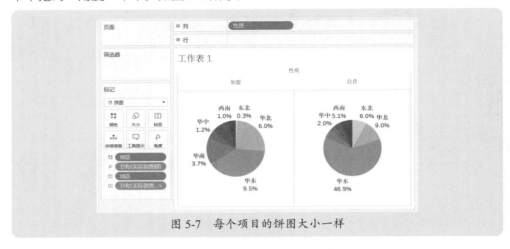

图 5-7　每个项目的饼图大小一样

5.1.5　关于饼图中的大小和角度

如果是绘制一个维度的饼图,将度量拖至"大小"卡上或者"角度"卡上,都可以绘制相同的饼图,如图 5-8 和图 5-9 所示。

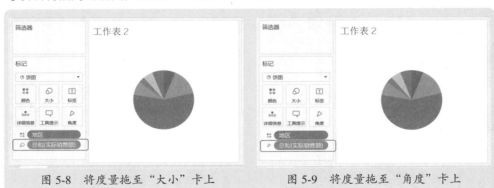

图 5-8　将度量拖至"大小"卡上　　　　图 5-9　将度量拖至"角度"卡上

但是,如果是要绘制多个饼图,例如要分别查看自营店和加盟店在各个地区的销售数据,也就是自营店画一个饼图,加盟店画一个饼图,那么"大小"卡和"角度"卡就有区别了。此时,"大小"是指每个饼图的大小,也就是根据自营店和加盟店的总数来显示各自饼图的大小,这样两个饼图的大小是不一样的,而"角度"则是每个饼图内部各个地区的扇形。图 5-5 和图 5-7 就是对"大小"和"角度"的说明和比较。

5.2　饼图的编辑和格式化

初步制作的饼图不仅很小,还缺少很多信息,也不够美观,因此需要对饼图进行编辑和格式化,以满足实际需要。

5.2.1 放大饼图

默认的饼图很小，缩在左上角，但可以按 Ctrl+Shift+B 快捷键放大饼图，按 Ctrl+B 快捷键缩小饼图。这两个快捷键实际上是调整单元格大小，也就是调整饼图大小，如图 5-10 所示。

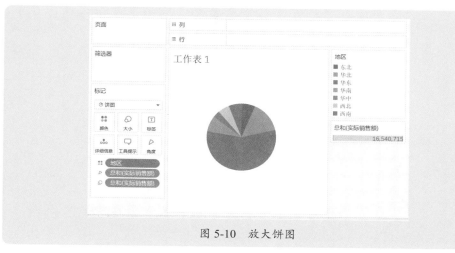

图 5-10　放大饼图

5.2.2 设置各扇形的颜色和边界

默认饼图的每块扇形颜色是花花绿绿的，比较难看，因此需要合理设置每块扇形的颜色，使其颜色协调，整体上看起来更美观，建议设置为同一个色系的颜色，并合理设置边界，如图 5-11 所示。

设置边界的方法是展开"颜色"卡面板，设置边界线条和颜色，如图 5-12 所示。

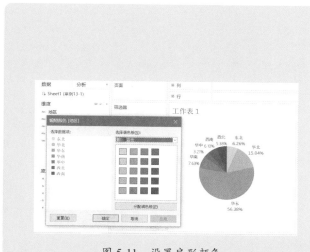

图 5-11　设置扇形颜色

图 5-12　设置扇形边界

5.2.3 ▶ 显示默认数据标签

将维度和度量分别拖放至"标签"卡上，就会显示项目名称及其数值，如图 5-13 所示。

默认情况下，较小的扇形标签没有显示出来，如果想显示出来，就需要编辑标签，单击"标签"卡，展开标记标签面板，勾选底部的"允许标签覆盖其他标记"复选框，如图 5-14 所示。

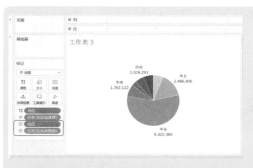

图 5-13　显示数据标签　　　　　图 5-14　勾选"允许标签覆盖其他标记"复选框，显示全部扇形标签

不过这样标签就看起来很拥挤。这也提示我们，制作饼图时，项目个数不能太多，一方面很难区分每块扇形大小，另一方面很难显示每块扇形标签。

5.2.4 ▶ 显示百分比数字标签

饼图是用来分析每个项目占比的，因此在饼图上显示每个项目的百分比是最好的。此时，需要对度量标签添加表计算"合计百分比"，如图 5-15 所示。

这样饼图就会显示每个地区的销售额百分比数字，而不是销售额数字，如图 5-16 所示。

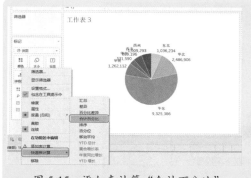

图 5-15　添加表计算"合计百分比"　　　　　图 5-16　显示每个地区销售额的百分比数字

如果要设置标签数字格式，例如百分比数字是一位小数点，就需要在工作表区

域中右击"设置格式"命令,打开设置字体格式卡,从字段下拉列表中选择"总和(实际销售额)的总计 %",如图 5-17 所示。

然后在左侧的设置格式卡,切换到"区",再设置数字格式(或者再重新设置字体、对齐等),如图 5-18 所示。

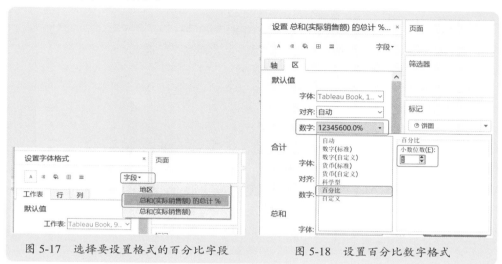

图 5-17　选择要设置格式的百分比字段　　　图 5-18　设置百分比数字格式

饼图上显示了标签后,就没必要再显示图例了,因此可以将右侧的所有图例卡隐藏。

5.2.5　调整各扇形的次序

可以通过排序的方法来调整各项目的次序,不过这样的操作仅仅是按照每个扇形的数值大小来排序,如图 5-19 所示。对于地区,按照销售额大小做降序排序,如图 5-20 所示。

图 5-19　按照销售额大小对地区进行排序　图 5-20　按照销售额大小对地区进行排序后的饼图

如果需要对每个项目按照特定次序进行排列该怎么办呢？此时可以在右侧的图例卡中，通过手工拖动项目来完成次序调整。

这里要注意的是饼图中扇形的起点是饼图顶部中心位置，按照顺指针方向排列。例如，对于图 5-21 所示的饼图，从顶部正中心开始顺时针，第一个是东北，第二个是华北，最后一个是西南，这是默认的按照拼音进行排序。

如果要把华东作为第一个，那么可以在地区图例卡中，拖动华东到最前面，如图 5-22 所示。这种操作是很有必要的，我们可以根据实际情况，对各项目的次序进行调整，以使饼图展示的信息更加清晰。

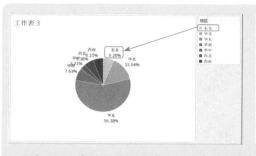

图 5-21　各地区按照名称默认排序　　　　图 5-22　拖动项目到指定位置

如图 5-23 所示就是利用直接在图例卡中拖动项目的方法将各地区的位置进行调整后的效果图，这个图表看起来要协调多了。

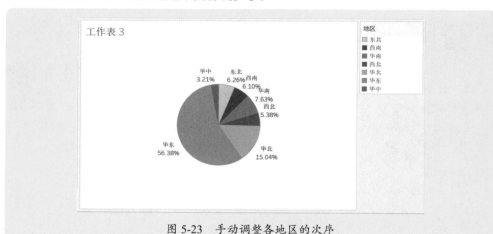

图 5-23　手动调整各地区的次序

5.3　饼图与其他图表组合应用

饼图的制作非常灵活，与其他图表进行组合，可以制作更多变形的饼图。例如，Tableau 中并没有圆环图，但可以通过组合图表并设置的方法来制作。本节我们介绍几个饼图与其他图表组合应用的案例。

5.3.1 ▶ 内嵌双层饼图

如果数据是由大类结构及其下面的小类结构组成的，我们可以绘制内嵌双层饼图，也就是大类是一个饼图，小类是一个饼图，它们内嵌在一起，效果如图 5-24 所示。

本案例数据源是 Excel 文件"案例 5-2.xlsx"。

这个图表的制作比较复杂，详细步骤如下。

首先将度量"记录数"拖至行区域，将其标记类型设置为"饼图"，然后右击行区域的"总和（记录数）"，执行"度量（总和）"→"最小值"命令（也可以选择"最大值"命令，做法是一样的），如图 5-25 所示。

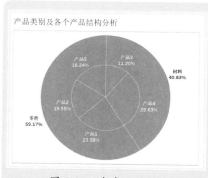

图 5-24　内嵌双层饼图

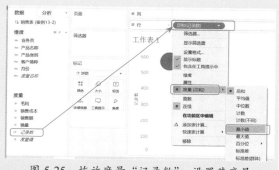

图 5-25　拖放度量"记录数"，设置其度量类型为"最小值"

按 Ctrl+Shift+B 快捷键，放大饼图至适当尺寸，然后在行区域对准"最小值（记录数）"，按住 Ctrl 和左键不放，拖出（也就是复制出）第二个饼图来，如图 5-26 所示。

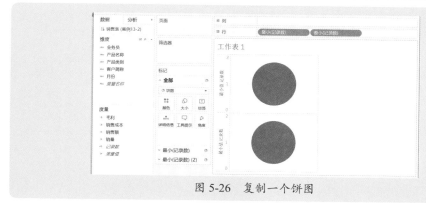

图 5-26　复制一个饼图

在行区域中选择第一个"最小值（记录数）"，将维度"产品类别"拖至"颜色"卡上，将度量"销售额"拖至"角度"卡上，如图 5-27 所示，得到了产品类别的饼图。

再将维度"产品类别"和度量"销售额"分别拖至"标签"卡上，并为"销售额"添加表计算"合计百分比"，得到显示标签的产品类别饼图，如图 5-28 所示。

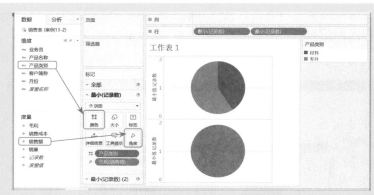

图 5-27　拖放维度和度量至标记卡

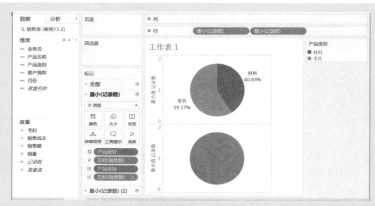

图 5-28　完成的产品类别饼图（产品类别占比图）

　　在行区域中选择第二个"最小值（记录数）"，将维度"产品名称"拖至"颜色"卡上，将度量"销售额"拖至"角度"卡上，再将"产品名称"和"销售额"拖至"标签"卡上，为"销售额"添加表计算"合计百分比"，得到产品名称的饼图，如图 5-29 所示。

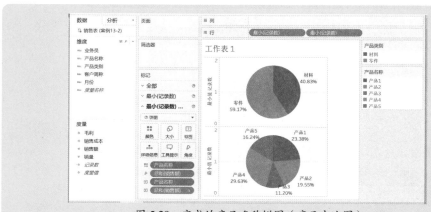

图 5-29　完成的产品名称饼图（产品占比图）

右击第二个饼图的坐标轴标题，设置"双轴"和"同步轴"，就将两个饼图叠加在一起，如图 5-30 所示。

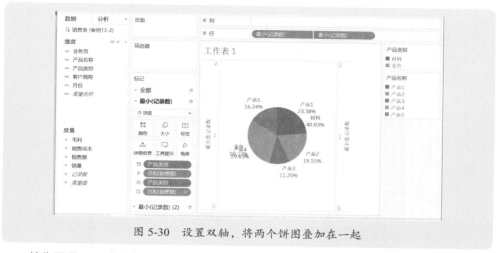

图 5-30　设置双轴，将两个饼图叠加在一起

首先不显示两个坐标轴标题，然后在行区域分别单击选择两个饼图，设置它们的大小，使它们分开，并注意要设置两个饼图的颜色边界，使各扇形边界清晰，如图 5-31 所示。

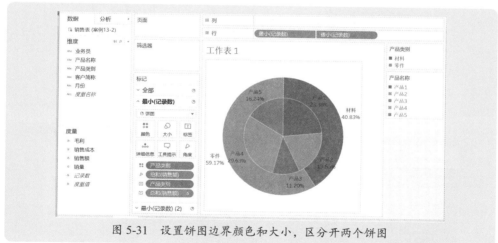

图 5-31　设置饼图边界颜色和大小，区分开两个饼图

最后手工调整大饼图和小饼图各项目扇形的顺序和颜色，使每个产品类别下对应该类别的产品，就得到了我们需要的嵌入饼图。

不过，当光标悬浮到某个扇形上方时，工具提示信息里会显示条目"最小值记录数"，如图 5-32 所示，这样看着很不舒服。此时，可以分别选择两个饼图，单击"工具提示"卡，打开"编辑工具提示"对话框，然后删除这个条目，如图 5-33 所示。

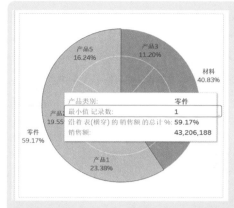

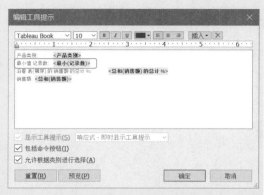

图 5-32　显示的"最小值 记录数"　　　图 5-33　删除默认的"最小值 记录数 < 最小 (记录数)>"条目

5.3.2　空心饼图（圆环图）

Tableau 中没有提供现成的圆环图，不过我们可以通过前面介绍的嵌入饼图的方法来制作圆环图。

图 5-34 所示是一个示例效果，圆环是各产品的占比数字，中间空的一块显示总销售额说明文字。这个图表的主要制作步骤如下。

本案例数据源是 Excel 文件"案例 5-2.xlsx"。先采用前面介绍的方法，制作两个饼图，参见前面的图 5-26。

选择第一个饼图，分别拖放"产品名称"和"销售额"，添加标签和表计算，完成第一个关于产品占比分析的饼图，如图 5-35 所示。

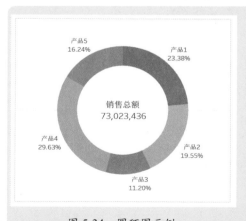

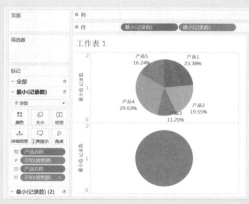

图 5-34　圆环图示例　　　　　　　图 5-35　制作产品占比饼图

选择第二个饼图，设置"双轴"，取消显示标题，然后分别调整两个饼图大小，得到图 5-36 所示的嵌套饼图。

选择中间的饼图，将颜色设置为工作表背景颜色（例如白色），就得到了圆环图，如图 5-37 所示。

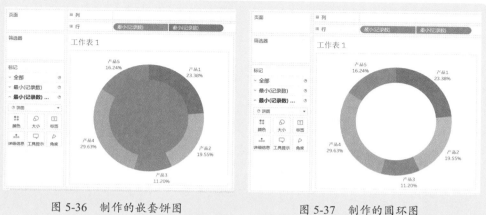

图 5-36　制作的嵌套饼图　　　　　　图 5-37　制作的圆环图

下面我们设置在饼图中间显示销售总额说明文字。

首先创建一个计算字段"销售总额"，计算公式如下，如图 5-38 所示。

{EXCLUDE[产品名称]:SUM([销售额])}

选择中间的小饼图，将度量"销售总额"拖放至"标签"卡上，就在圆环中间显示销售总额数字，如图 5-39 所示。

图 5-38　创建计算字段"销售总额"　　　图 5-39　圆环中间显示销售总额

单击"标签"卡，展开标签设置窗格，再单击"文本"框右侧的"打开"按钮，打开"编辑标签"对话框，输入文字"销售总额"，原来默认的"< 属性（销售总额）>"放到第二行，并设置字体、字号等，如图 5-40 所示。

单击"确定"按钮，就得到了图 5-41 所示图表。

我们还可以对圆环中间销售总额数字格式进行设置，例如，以万元为单位，如图 5-42 所示。数字格式代码如下：

0"."0,万元

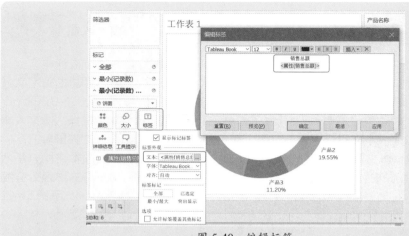

图 5-40　编辑标签

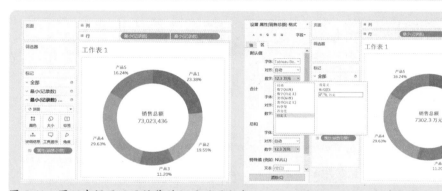

图 5-41　圆环中间显示了销售总额的说明文字　　　图 5-42　设置数字格式：万元

5.3.3 ▶ 表示完成进度的圆环图仪表板

　　如图 5-43 所示是一个各个产品的年度计划以及当前累计完成的表格，我们可以将其制作为进度图，如图 5-44 所示。

　　本案例数据源是 Excel 文件"案例 5-3.xlsx"。

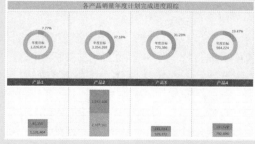

图 5-43　各产品年度计划以及当前累计完成表　　　图 5-44　完成进度跟踪仪表板

这个圆环图的特点是以灰色表示未完成的剩余部分，橘黄色表示已完成部分，在圆环中间显示年度目标总数。

建立数据连接，如图 5-45 所示，将工作表"预算完成"拖至表区域。

隐藏"全年目标"和"完成进度"，然后将"累计完成"和"全年剩余"转置，并重命名列名，得到如图 5-46 所示的表。

图 5-45　建立数据连接　　　　　　　图 5-46　整理数据表

采用前面介绍的制作圆环图方法，制作由完成和未完成组成的圆环图，如图 5-47 所示。注意，把字段"产品"拖到列区域，就自动得到 4 个产品的圆环图。

这里有一个问题要注意，显示销量百分比标签时，添加表计算类型为"合计百分比"，计算依据选择"特定维度"，并选择"项目"，如图 5-48 所示。

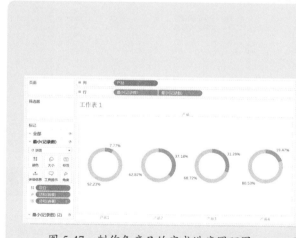

图 5-47　制作各产品的完成进度圆环图　　图 5-48　添加表计算，显示百分比标签

分别右击每个圆环的未完成标签，执行"标记标签"→"从不显示"命令，如图 5-49 所示。隐藏每个圆环的未完成部分的标签百分比数字，如图 5-50 所示。

创建一个计算字段"年度目标"，计算公式如下，如图 5-51 所示。

{EXCLUDE[项目]:SUM([销量])}

然后选择已完成和未完成百分比的饼图，添加标记标签，并编辑标签，如图 5-52 所示。

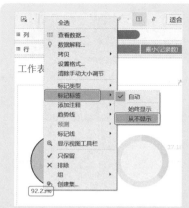

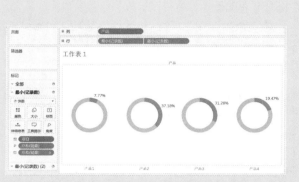

图 5-49　不显示指定的标记标签　　　　　图 5-50　仅显示已完成百分比标签

图 5-51　计算字段"年度目标"　　　　　图 5-52　添加并编辑标签

这样，就在圆环的中心显示了每个产品全年目标数字，如图 5-53 所示。

新建一个工作表，制作柱形图，如图 5-54 所示。

注意各字段的拖放位置：

"产品"拖至列区域；

"年度目标"拖至行区域；

"项目"拖至"颜色"卡上；

"销量"拖至"标签"卡上。

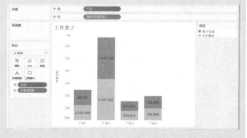

图 5-53　显示年度销量目标和已完成　　　图 5-54　各产品已完成和未完成的柱形图

　　　　　百分比的圆环图

最后，建立一个仪表板，将两个工作表进行布局和格式化处理，得到了前面我们需要的观察各产品全年完成进度的仪表板。

5.3.4 饼图与折线图组合

如果既想要观察每个月的销售波动情况，又要查看每个月每类商品销售的占比情况，那么就可以将折线图和饼图组合应用，如图 5-55 所示。

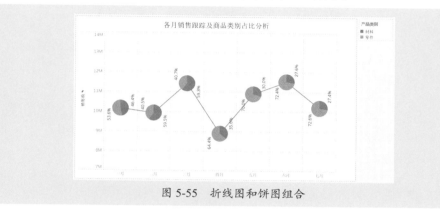

图 5-55 折线图和饼图组合

本案例数据源是 Excel 文件"案例 5-4.xlsx"。

建立数据连接，首先制作折线图："日期"拖至列区域（设置为"月"），销售额拖至行区域，如图 5-56 所示。

图 5-56 绘制普通折线图

创建一个计算字段"销售总额"，计算公式如下，如图 5-57 所示。

{ EXCLUDE [产品类别]:SUM(销售额)}

图 5-57 创建计算字段"销售总额"

将创建的计算字段"销售总额"拖至行区域，并将其标记类型设置为"饼图"，得到如图 5-58 所示的图表。

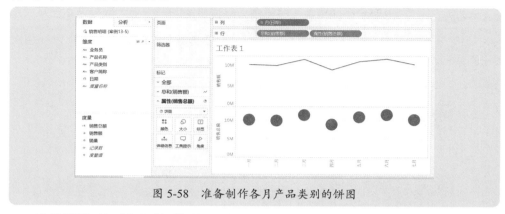

图 5-58　准备制作各月产品类别的饼图

选择饼图，将"产品类别"拖至"颜色"卡上，将原始的"销售额"拖至"角度"卡上，就得到了各月的产品类别结构分析饼图，如图 5-59 所示。

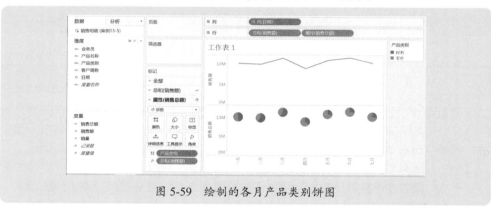

图 5-59　绘制的各月产品类别饼图

将产品类别饼图设置为双轴，并同步轴，不显示标题，就得到如图 5-60 所示的折线图与饼图的组合图表。

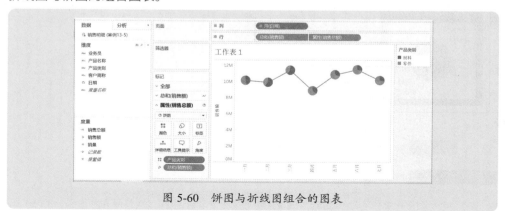

图 5-60　饼图与折线图组合的图表

选择饼图，将"销售额"拖至"标签"卡上，设置销售额的表计算为"特定维度"下的"产品类别"，设置标签对齐方式，得到如图 5-61 所示的图表。

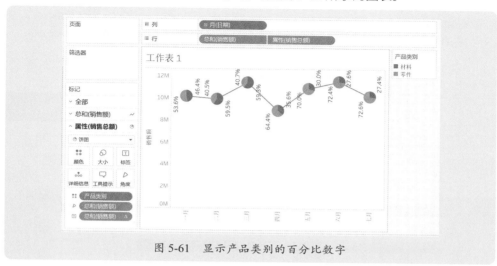

图 5-61　显示产品类别的百分比数字

最后编辑坐标轴（设置最小刻度和最大刻度），添加网格线，编辑工作表标题，调整饼图大小，编辑饼图扇形颜色，等等，就得到了我们需要的图表。

5.3.5　饼图与面积图组合

饼图也可以与面积图组合，只需要将折线改为面积即可，如图 5-62 所示。这个图表的制作方法与上面介绍的饼图 – 折线图组合是一样的，这里不再赘述。

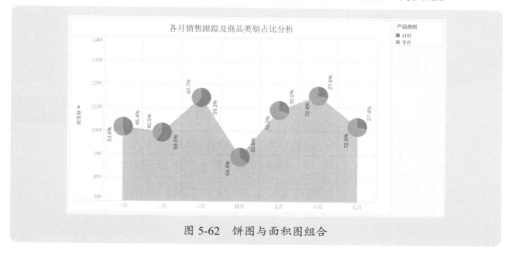

图 5-62　饼图与面积图组合

第6章

Tableau 常见图表制作与应用：树状图

　　树状图提供数据的分层视图，以树分支表示的矩形来分析数据的占位大小，以便轻松地发现何种类别的数据占比最大，如哪些商品最畅销，哪些地区的销售贡献最大，等等。

　　树状图按矩形大小、颜色和距离显示类别，可以轻松地显示其他图表类型很难显示的大量数据，适合比较层次结构内的比例。

6.1 树状图特点及基本制作方法

树状图的制作方法很简单，下面我们介绍如何制作树状图，以及树状图展示数据的特点。

本案例数据源是 Excel 文件 "案例 6-1.xlsx"。

6.1.1 使用智能显示面板

例如，我们要分析每个地区的销售额分布，制作的树状图效果如图 6-1 所示。

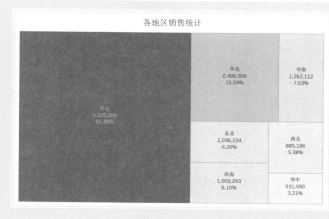

图 6-1 树状图效果

树状图的制作步骤如下。

建立数据连接，然后将维度"地区"拖至行区域，将度量"实际销售额"拖至列区域，得到一个基本的汇总表，如图 6-2 所示。

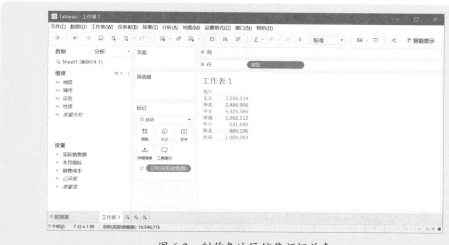

图 6-2 制作各地区销售额汇总表

单击右上角的"智能显示"按钮，展开"智能显示"面板，再单击"树状图"，如图 6-3 所示，就得到了一个基本的树状图，如图 6-4 所示。

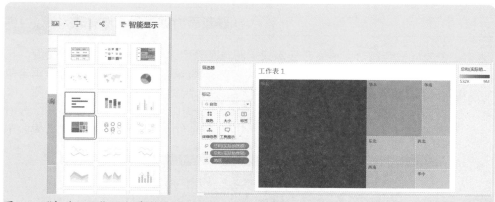

图 6-3　"智能显示"面板中的"树状图"　　　图 6-4　制作的基本树状图

利用这种方法制作的树状图，各地区的颜色是按照度量大小来区分的。默认情况下，颜色越深，数值越大；颜色越浅，数值越小。

6.1.2　使用"标记"卡

制作树状图更简单的方法是使用标记卡。将维度"地区"拖至"颜色"卡，将度量"实际销售额"拖至"大小"卡，将维度"地区"拖至"标签"卡，就得到树状图了，如图 6-5 所示。

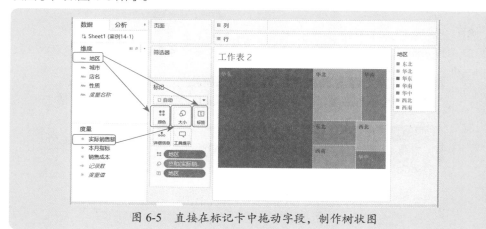

图 6-5　直接在标记卡中拖动字段，制作树状图

这种方法制作的树状图，各地区的颜色是按照每个地区一个颜色来区分的。默认情况下，这种颜色的分布比较难看。

6.1.3　多个层次关系维度的树状图

如果是多个维度，例如同时分析地区和城市，那么就会生成如图 6-6 所示的树状图。这里是先做报表再单击"智能显示"得到的树状图。

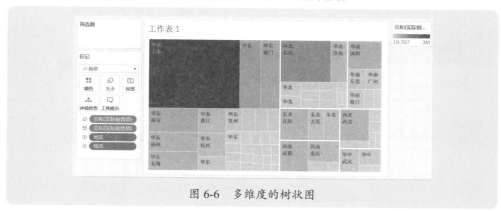

图 6-6　多维度的树状图

与前面的图 6-4 比较，可以看出，每个地区之间用一条较粗的白线隔开，每个地区内部，则按照每个城市销售额大小进行排序占位。这样，我们既可以看到每个地区销售额的大小，同时也可以观察每个地区下各城市销售额的大小。

6.1.4　树状图的特点

树状图是以指定维度下各项目的数值大小从左向右自动排序，并以大小来表示，因此左上角的最大的矩形是数值最大的项目，右下角最小的矩形是数值最小的项目。

每个矩形，既可以按照具体项目填充离散颜色，也可以按照度量数值大小设置渐变颜色。

当项目较小时，该项目名称不会显示出来，而仅仅显示数值较大、能够完整显示出来的项目名称。一般情况下，我们最关注数值最大的项目。

6.1.5　树状图与饼图的比较

树状图适用于多个类别、多个项目的层次结构分析，以矩形来表示每个项目的占位（占比）大小；饼图则适用于项目不多的场合，以扇形表示每个项目的占位（占比）大小。

图 6-7 所示是一个度量的情况下，饼图和树状图分别展示数据的对比图。

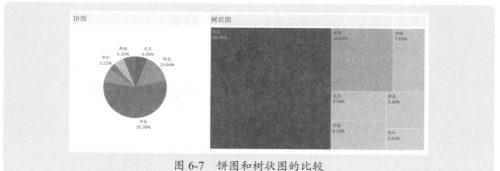

图 6-7　饼图和树状图的比较

第 6 章　Tableau 常见图表制作与应用：树状图

当要分析多个有层次关系的维度时,树状图就显示出了其优越性,此时饼图的表现力就很差了。

6.2 树状图的格式化

初步制作出来的基本树状图需要做进一步美化和格式化,才能变得既美观又清晰。下面介绍树状图格式化的主要方法和技能。

6.2.1 设置颜色

如果是以项目作为颜色(也就是把维度拖至"颜色"卡上),这种颜色设置比较麻烦,尤其是在项目比较多的情况下,颜色凌乱,很不美观,如图 6-8 所示。以项目作为颜色适用于项目比较少的情况。

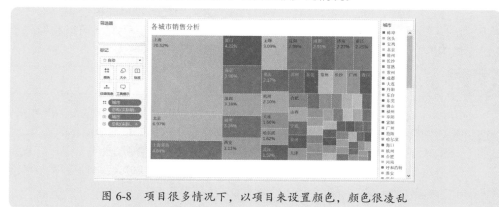

图 6-8 项目很多情况下,以项目来设置颜色,颜色很凌乱

一般情况下,最好以度量设置渐变颜色,而不是以维度设置离散颜色。

将度量拖至"颜色"卡上,就是以该度量数值大小区分渐变颜色,此时,可以选择合适的颜色系列,使图表看起来更加美观和清晰,如图 6-9 所示。

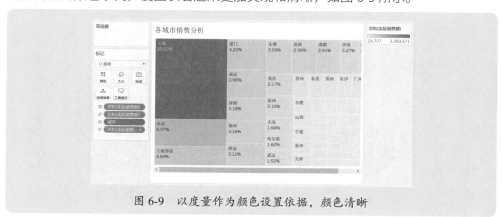

图 6-9 以度量作为颜色设置依据,颜色清晰

不过,当做多层次分析时,为了醒目标识各大类,最好使用维度离散颜色,如

图 6-10 所示。此时，将"地区"拖至"颜色"卡上，将"城市"拖至"详细信息"卡上，就是每个地区一种颜色的树状图。

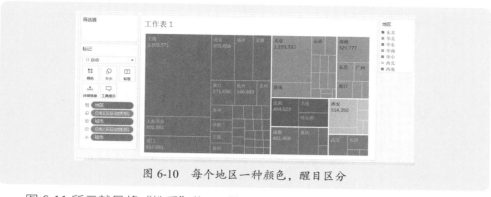

图 6-10　每个地区一种颜色，醒目区分

图 6-11 所示就是将"性质"拖至"颜色"卡上的情况，此时自营店和加盟店分成了两种不同颜色显示，每个性质下的城市都用同一种颜色表示。

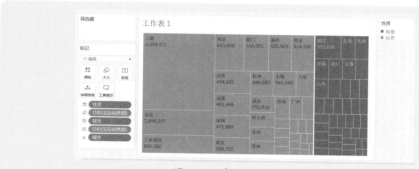

图 6-11　每个性质一种颜色

6.2.2　设置具体数值标签

将维度和度量分别拖至"标签"卡上，就在树状图上显示出了维度的项目名称和度量的具体数值，如图 6-12 所示。

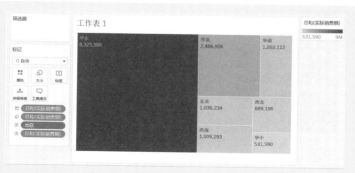

图 6-12　显示项目名称和具体数值

6.2.3 设置整体百分比标签

如果要显示各项目的百分比数字，需要为度量添加表计算"合计百分比"，这样就得到了百分比数字标签。

如果需要同时显示具体数值和百分比数字，就先拖放一个度量至"标签"卡，为其添加表计算"合计百分比"，然后把该度量拖至一个至标签卡，调整两个的上下位置，就得到了需要的结果，如图 6-13 所示。

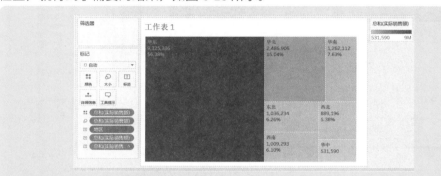

图 6-13　显示具体数值和百分比数字

6.2.4 设置局部百分比标签

当分析多个维度层次结构时，我们不仅可以查看各维度下各子项目占全部的百分比，还可以查看每个维度下的子项目占该维度合计的百分比。

图 6-14 所示是每个性质门店中，各地区销售额占该性质门店销售总额的百分比。

此时，表计算"合计百分比"中计算依据选择"特定维度"，并选择"地区"，如图 6-15 所示。

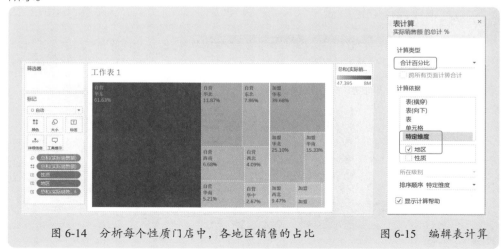

图 6-14　分析每个性质门店中，各地区销售的占比　　图 6-15　编辑表计算

6.2.5 设置标签对齐方式

默认情况下，标签显示在每个矩形的左上角，根据需要，我们可以设置标签的对齐方式，以便更清晰地显示标签，例如，设置居中对齐显示，如图 6-16 所示。

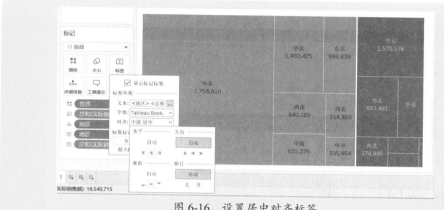

图 6-16 设置居中对齐标签

6.3 使用筛选器对树状图进行控制

树状图分析数据还是比较直观的，而且具有自动排序功能。当项目比较多时，数值较小的项目矩形就看不清了，此时，也可以添加筛选器来控制树状图。

6.3.1 添加维度筛选器

例如，要查看指定地区下各城市的销售分布情况，则可以添加一个"地区"筛选器，并在右侧显示筛选器，如图 6-17 所示，将筛选器设置为"单值（滑块）"，如图 6-18 所示。

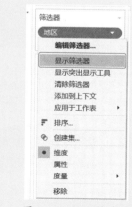

图 6-17 显示筛选器

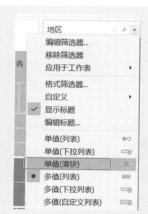

图 6-18 设置筛选器为"单值（滑块）"

这样，我们可以通过单击右侧"地区"筛选器滑块，就可以查看任意地区下各城市的销售分布情况了，如图 6-19 所示。

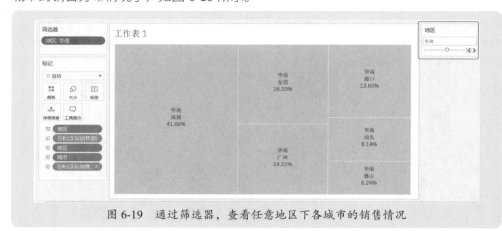

图 6-19　通过筛选器，查看任意地区下各城市的销售情况

6.3.2　添加度量筛选器

如果我们要查看指定地区（或者所有地区）店均销售额在某某以上的城市有哪些，它们的排名情况如何？此时，可以添加一个销售额筛选器，然后设置筛选器，如图 6-20 和图 6-21 所示。

图 6-20　添加销售额筛选器"平均值"

图 6-21　设置销售额筛选器类型

添加销售额筛选器后，再将其显示到右侧，就可以拖拉滑块来查看指定均值以上的城市了，如图 6-22 所示。

图 6-22　使用平均销售额筛选器查看城市销售分布

添加计算字段筛选器

对于本例来说，还可以创建一个计算字段"目标完成率"，并将此计算字段作为筛选器，以查看指定完成率以上的都有哪些地区、哪些城市，以及它们的销售情况。

目标完成率的计算公式如下，如图 6-23 所示。

SUM([实际销售额])/SUM([本月指标])

图 6-23　创建计算字段"目标完成率"

将该计算字段作为筛选器使用，设置为区间类型，就可以查看完成率在某一范围的城市销售分布了，如图 6-24 所示。

图 6-24　以计算字段"目标完成率"控制树状图

这里，为了了解几个主要信息，例如城市名称、销售额、占比和完成率，对标签的文本内容进行设置，如图 6-25 所示。

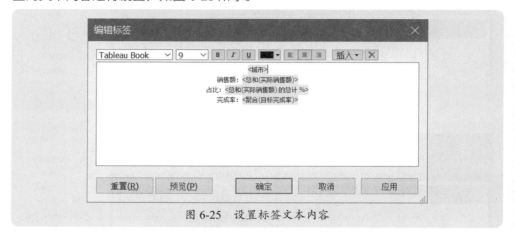

图 6-25　设置标签文本内容

第7章

Tableau 常见图表制作与应用：散点图

　　散点图用来直观显示数字变量之间的因果关系，例如净利润与销售收入的关系，销售额与销售成本的关系，等等，用来对数据进行预测分析。

　　散点图的本质是第 4 章介绍过的"圆"，对应 Excel 里的 XY 散点图，因此两个变量都必须是数字变量，一个是因素，另一个是结果。

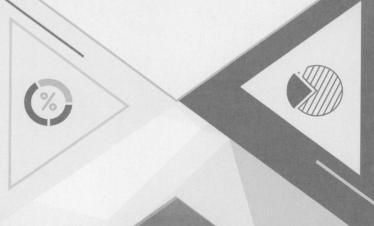

7.1 绘制散点图的基本方法

散点图的绘制方法与第 4 章介绍的气泡图的绘制方法是一样的，下面我们再结合具体例子，介绍散点图的制作方法。

本章数据源是 Excel 文件"案例 7-1.xlsx"。本案例是研究销售成本与销售额的关系。

7.1.1 绘制一个散点图

建立数据连接，然后将"实际销售额"拖至列区域，将"销售成本"拖至行区域，得到图 7-1 所示图表。但这并不是所需的散点图，需要继续设置。

右击列区域中的"总和（实际销售额）"，执行"维度"命令，如图 7-2 所示。

图 7-1 拖放字段，制作基本图表

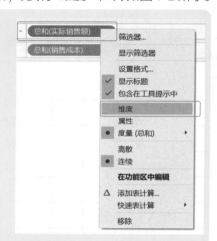

图 7-2 将字段"实际销售额"设置为维度

这样就得到了如图 7-3 所示的折线图。

再在标记类型中选择"圆"类型，就将图表变为了散点图，如图 7-4 所示。

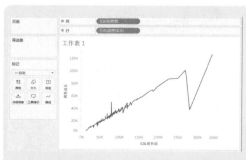

图 7-3 图表变为折线图

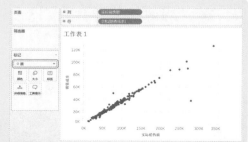

图 7-4 绘制的实际销售额 - 销售成本散点图

这个散点图包含所有门店的数据。如果要区分不同性质门店的数据，可以将相关字段拖至"颜色"卡。例如，分别用不同颜色表示自营店和加盟店的数据，就将字段"性质"拖至"颜色"卡，得到图 7-5 所示的散点图。

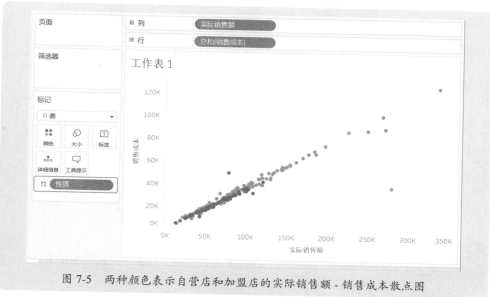

图 7-5　两种颜色表示自营店和加盟店的实际销售额 - 销售成本散点图

7.1.2　绘制多个散点图

将相关维度拖至行或者列，就会得到多个散点图。例如，将字段"性质"拖至行，就得到了图 7-6 所示的散点图；将字段"性质"拖至列，就得到了图 7-7 所示的散点图。

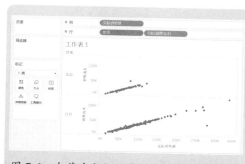

图 7-6　自营店和加盟店的实际销售额 - 销售成本散点图：上下排列图表

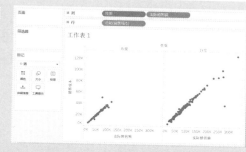

图 7-7　自营店和加盟店的实际销售额 - 销售成本散点图：左右排列图表

为更加清楚地表示不同项目的散点图，可以设置项目颜色。例如，将字段"性质"拖至"颜色"卡上，就得到用两种颜色表示自营店和加盟店数据的散点图，如图 7-8 所示。

第 7 章　Tableau 常见图表制作与应用：散点图

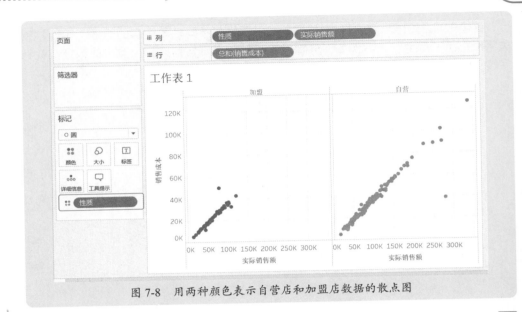

图 7-8   用两种颜色表示自营店和加盟店数据的散点图

7.2   利用散点图分析数据

散点图的主要用途是分析两个变量的因果关系，例如，销售额与销售成本的关系，销售成本与销售量的关系，等等。这种因果关系，可以用相应的模型来表示，如线性模型、指数模型、对数模型、幂模型、多项式模型等。

7.2.1   剔除异常点数据

绘制出散点图后，我们一眼就能看出，哪些数据是异常点。如果这些数据存在，会影响数据分析结果和预测精度，因此应该在图表上剔除这些异常数据点。

例如，如图 7-4 所示散点图，右下角一个数据点是异常的，它远远偏离正常数据群集区域，因此可以将其剔除。方法是右击该数据点，执行"排除"命令，如图 7-9 所示。

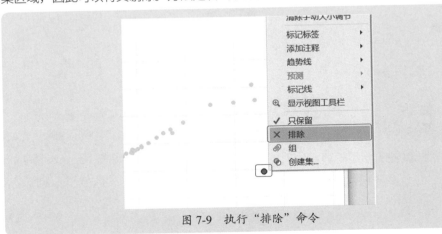

图 7-9   执行"排除"命令

这样，就得到了一个剔除了异常数据点的散点图，如图 7-10 所示。此时，在筛选器卡中出现了"实际销售额"的筛选器。这种排除操作，实际上是筛选操作，不过比手工从筛选器里操作要简便。

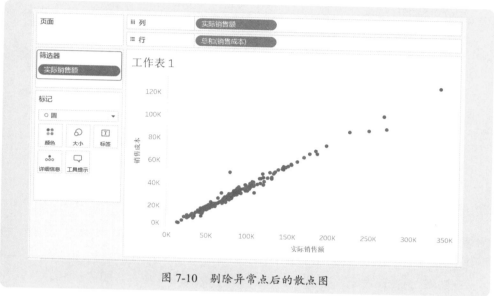

图 7-10　剔除异常点后的散点图

7.2.2　添加趋势线

为散点图添加趋势线，可以更加清楚地观察两个变量的因果关系。添加趋势线的最简单方法是：在图表上右击，执行"趋势线"→"显示趋势线"命令，如图 7-11 所示。

这样就在图表上添加了一条默认的线性模型趋势线（直线），如图 7-12 所示。

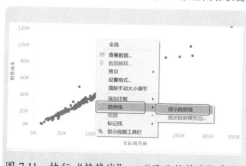

图 7-11　执行"趋势线"→"显示趋势线"命令

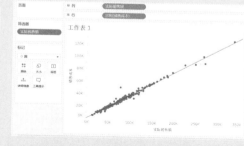

图 7-12　添加的默认趋势线（线性模型）

我们可以对不同类型数据添加多条趋势线，例如，将字段"性质"拖至"颜色"卡上，就会自动生成两条趋势线，分别表示自营店和加盟店的销售额和销售成本的关系，如图 7-13 所示。

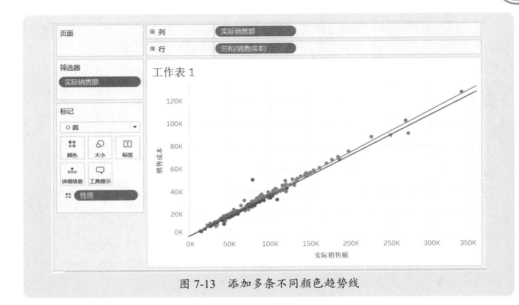

图 7-13　添加多条不同颜色趋势线

7.2.3 ▶ 编辑趋势线

在图表上右击，执行"趋势线"→"编辑趋势线"命令，如图 7-14 所示，就会打开"趋势线选项"对话框，如图 7-15 所示，可以根据实际数据分布，选择相应的模型类型。

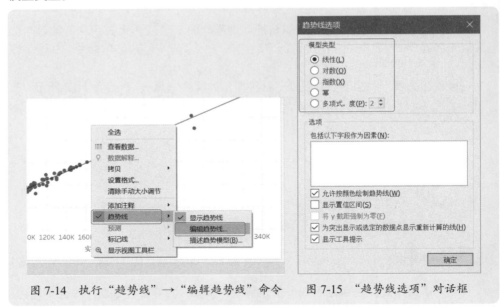

图 7-14　执行"趋势线"→"编辑趋势线"命令　　图 7-15　"趋势线选项"对话框

用相关字段来区分数据性质时，就会在对话框中间白色区中显示该字段名称。
例如，将字段"性质"拖至"颜色"卡上，将字段"地区"拖至列区域，就会得到各地区的两条不同颜色的趋势线，此时在"趋势线选项"对话框中显示了"性质"和"地区"两个字段作为影响因素,如图 7-16 所示。这里显示的字段有特殊应用,我们在后面专门介绍。

"趋势线选项"对话框中,还有一个"允许按颜色绘制趋势线"选项,选择这个选项,就会按照不同颜色类型数据绘制多条趋势线,如图 7-17 所示。

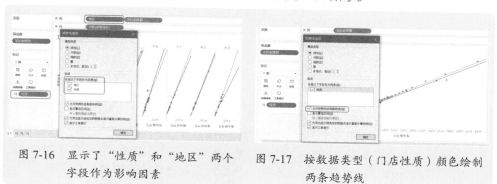

图 7-16 显示了"性质"和"地区"两个字段作为影响因素

图 7-17 按数据类型（门店性质）颜色绘制两条趋势线

如果取消这个选择,就不再区分数据颜色类型,而是绘制出一条代表所有数据的趋势线,如图 7-18 所示。

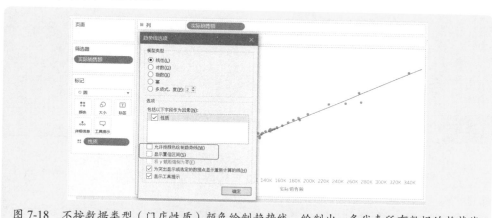

图 7-18 不按数据类型（门店性质）颜色绘制趋势线,绘制出一条代表所有数据的趋势线

7.2.4 以总体趋势线来对比分析不同类型数据的分布

当需要对多个类别数据的趋势进行分析,但使用一个统一的比较标准,以便观察各类别数据对整体趋势的偏离程度时,可以在"趋势线选项"对话框的字段列表中,取消选择某个字段。

例如,我们绘制了如图 7-19 所示的两个散点图,以区分自营店和加盟店。此时,添加趋势线后,每个趋势线是各自的,与其他数据无关。

如果在"趋势线选项"中,取消选择"性质"作为影响因素,那么这两个散点图均使用一条不区分数据类型的所有数据的趋势线,如图 7-20 所示。

119

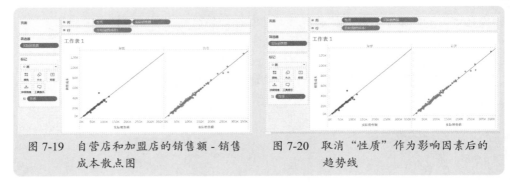

图 7-19　自营店和加盟店的销售额 - 销售成本散点图　　图 7-20　取消 "性质" 作为影响因素后的趋势线

由此可以看出，加盟店的各门店销售分布，要向下偏移所有门店的销售分布。

7.2.5　实时显示模型方程信息

将光标悬浮到趋势线上方，就会出现一个信息框，显示模型方程、R 平方值和 P 值，如图 7-21 所示。通过观察 R 平方值和 P 值，可以确定模型类型是否合适。

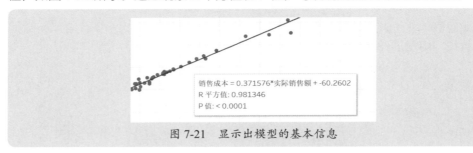

图 7-21　显示出模型的基本信息

7.2.6　将模型方程信息显示到图表上

上面显示的模型信息是实时的，但只有光标悬浮到趋势线上方才能显示出来。

当模型类型确定不再变化后，我们可以将模型方程信息复制出来，粘贴到注释中，使其一直显示在图表中。

右击趋势线，执行 "描述趋势线" 命令，如图 7-22 所示，打开 "描述趋势线" 对话框，如图 7-23 所示。

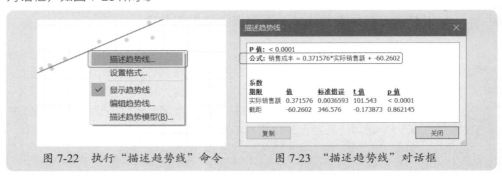

图 7-22　执行 "描述趋势线" 命令　　图 7-23　"描述趋势线" 对话框

在"描述趋势线"对话框中，选择公式部分，按 Ctrl+C 快捷键，将方程复制到剪切板中，再关闭这个对话框。

然后在图表上插入一个"区域"注释，将复制的方程粘贴到注释中，如图 7-24 所示。

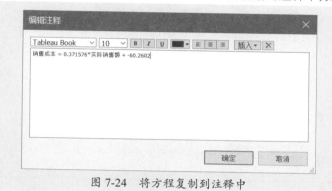

图 7-24　将方程复制到注释中

这样就在图表上添加了一个显示趋势线方程的注释了，调整注释大小和位置，设置其格式，最后效果如图 7-25 所示。

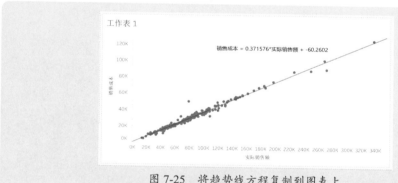

图 7-25　将趋势线方程复制到图表上

如果还要将 R 平方值（这个也是一个很重要指标，只有 R 平方值在 0.7 以上，模型方程才有意义），那么需要执行图 7-22 所示"描述趋势模型"命令，打开"描述趋势模型"对话框，如图 7-26 所示，从中将 R 平方值复制出来，粘贴到注释中。

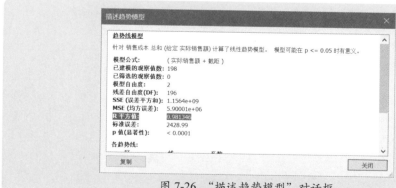

图 7-26　"描述趋势模型"对话框

图 7-27 所示完整地显示模型方程和 R 平方值的注释。

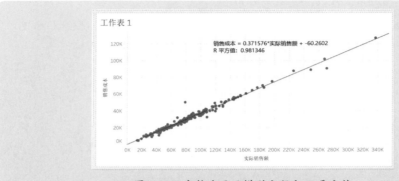

图 7-27　完整地显示模型方程和 R 平方值

删除趋势线

删除趋势线实际上就是不显示趋势线，操作很简单，右击趋势线，执行"显示趋势线"命令。

也可以单击趋势线，再单击"移除"命令，如图 7-28 所示。

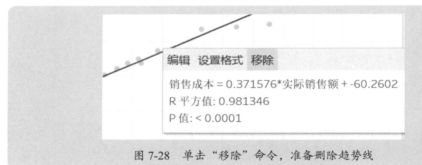

图 7-28　单击"移除"命令，准备删除趋势线

第 8 章

Tableau 常见图表制作与应用：直方图

　　直方图是一种显示分布形状的图表，将连续度量的值分组为范围（数据桶），以此表示数据的频数分布情况。例如，指定年龄段的人数分布，指定销量区间的订单数，等等。

　　本章介绍 Tableau 直方图的制作方法和实际应用案例。

8.1 直方图制作方法

制作直方图很简单，也很方便，不过在制作完成后，还需要根据具体情况进行设置。下面介绍直方图的制作方法。

8.1.1 制作直方图的基本方法

以 Excel 文件"案例 8-1.xlsx"数据源（员工信息）为例，任务是分析指定年龄段的人数分布。

首先建立数据连接，将度量"年龄"拖至行区域，再打开"智能显示"面板，单击直方图类型，如图 8-1 所示。

图 8-1　将度量"年龄"拖至行区域

注意，如果"年龄"被默认成了维度，则需要重新设置为度量。

这样就得到了如图 8-2 所示的直方图。

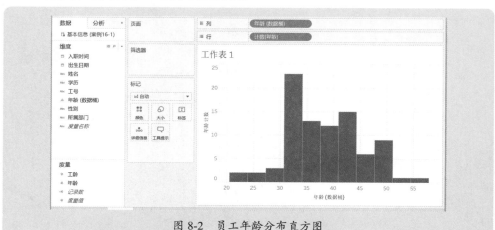

图 8-2　员工年龄分布直方图

8.1.2 制作多类别的直方图

上面的直方图是不分性别、不分部门等的所有人的年龄分布直方图。如果要看不同性别的年龄分布直方图,有以下两种方法。

方法 1:把字段"性别"拖至"颜色"卡上,得到堆积直方图,如图 8-3 所示。

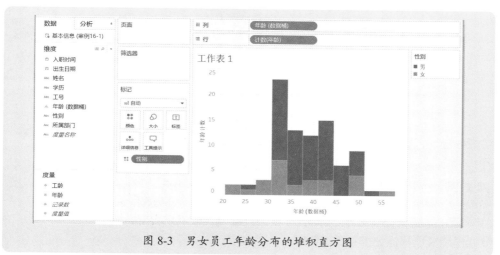

图 8-3　男女员工年龄分布的堆积直方图

方法 2:把字段"年龄"拖至行区域或者列区域,生成两个单独的、分别代表男员工和女员工的年龄分布直方图,如图 8-4 所示。

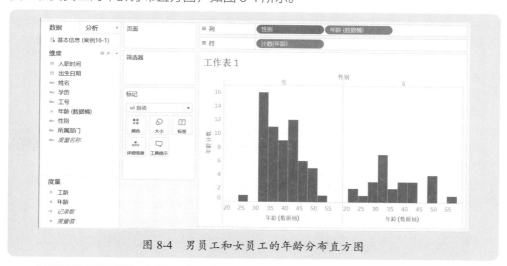

图 8-4　男员工和女员工的年龄分布直方图

如果要以不同颜色来显示这两个直方图,就再把字段"性别"拖至"颜色"卡上,如图 8-5 所示。

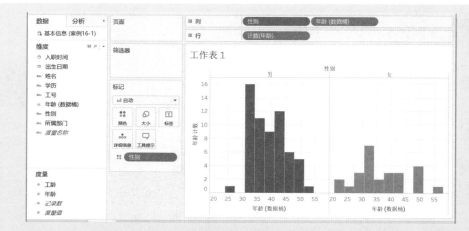

图 8-5　以不同颜色显示男员工和女员工年龄分布的直方图

8.1.3 > 编辑数据桶

　　创建直方图后，就会自动生成一个维度"年龄（数据桶）"，出现在"数据"窗格的维度列表中〔其实，在数据源界面中，表格最后一列新增了"年龄（数据桶）"〕，我们可以对数据桶进行编辑，以满足实际分析要求，因为默认的数据桶设置是根据数据自动设置的。

　　右击"数据"窗格中的"年龄（数据桶）"，执行"编辑"命令，如图 8-6 所示。

　　打开"编辑级［年龄］"对话框，如图 8-7 所示，我们可以根据需要来设置数据桶大小。

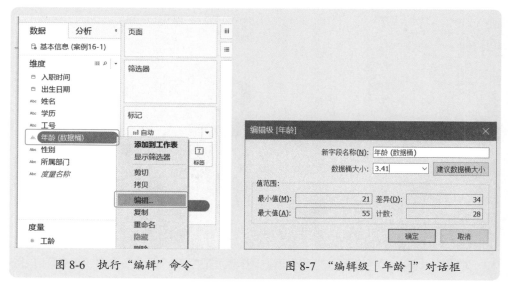

图 8-6　执行"编辑"命令　　　　　　图 8-7　"编辑级［年龄］"对话框

　　例如，把数据桶大小设置为 5，表明每 5 岁为一组，如图 8-8 所示。

这样就得到图 8-9 所示的直方图。

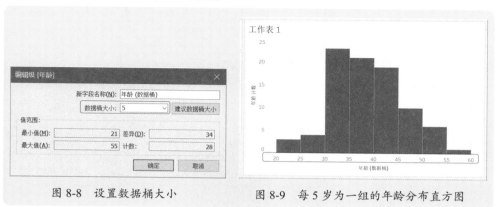

图 8-8　设置数据桶大小　　　　图 8-9　每 5 岁为一组的年龄分布直方图

　　如果图表底部的坐标轴刻度数字不是以 5 岁为一组的分布，可以编辑轴，设置刻度线为固定值，如图 8-10 所示。

图 8-10　编辑轴的刻度线

8.2　直方图格式化

　　直方图的格式化，包括颜色设置、显示标签、表计算分析等，下面我们分别介绍。

8.2.1　设置颜色

　　当"颜色"卡上没有添加字段时，直方图的每个柱形是同一个颜色，此时可以根据实际情况，选择一个与工作表和仪表板背景相匹配的颜色。

我们也可以对直方图的每个柱形设置渐变颜色，也就是个数越多（柱形越高），颜色越深，个数越少（柱形越低），颜色越浅，此时，可以把度量"记录数"拖至"颜色"卡上，再设置渐变颜色，如图 8-11 所示。

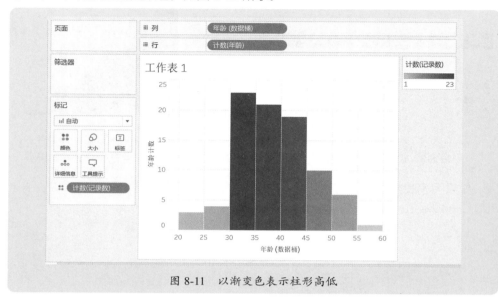

图 8-11　以渐变色表示柱形高低

8.2.2　显示实际个数标签

将度量"记录数"拖至"标签"卡上，就显示每个柱形（每个年龄区间）的人数，如图 8-12 所示，30 ～ 35 岁之间有 23 人，36 ～ 40 岁之间有 21 人。

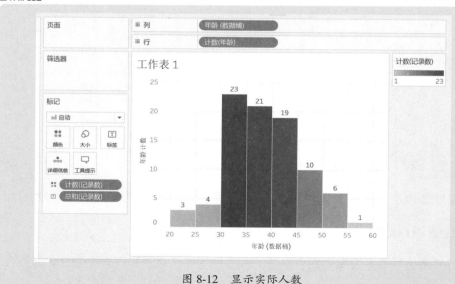

图 8-12　显示实际人数

8.2.3 显示局部占比标签

当制作的是多类别堆积直方图时，我们可以查看每个类别项目个数的占比，此时要使用表计算。

例如，如图 8-13 所示是查看每个性别的年龄分布的直方图，显示的是实际人数，那么，每个年龄段中，男女比例分别是多少呢？

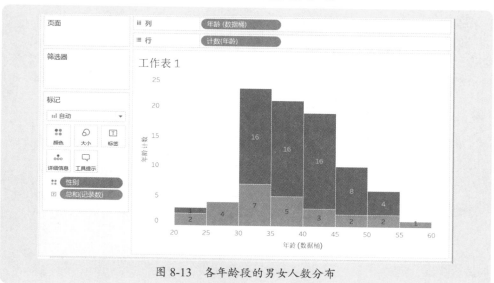

图 8-13　各年龄段的男女人数分布

在标记卡中，右击"总和（记录数）"，执行"添加表计算"命令，如图 8-14 所示，打开"表计算"对话框，计算类型选择"合计百分比"，计算依据选择"特定维度"，并勾选"性别"，如图 8-15 所示。

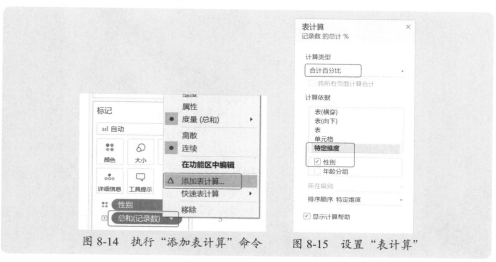

图 8-14　执行"添加表计算"命令　　　图 8-15　设置"表计算"

第 9 章

Tableau 常见图表制作与
应用：密度图

密度图是以散点图为基础，用颜色深浅来表示数据堆积，数据点堆积越多，颜色浓度越深，这样可以很清楚地观察数据分布及变化。

9.1 密度图制作基本方法及格式化

密度图的制作比较简单，下面举例说明密度图的制作方法和技巧，以及格式化的方法。

本案例数据源是 Excel 文件"案例 9-1.xlsx"。

9.1.1 制作密度图基本方法

建立数据连接，然后将字段"销售额"拖至列，并将其设置为维度，再将字段"净利润"拖至行，最后将标记类型设置为"密度"，就得到了基本密度图，如图 9-1 所示。

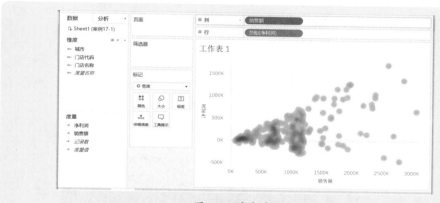

图 9-1 基本密度图

9.1.2 合理设置颜色、强度和大小

为了使密度图看起来更加美观和清晰，需要合理设置颜色、强度和大小，一般来说，颜色可以选择"密度 – 浅色"，强度设置为一个合适比例，如图 9-2 所示。

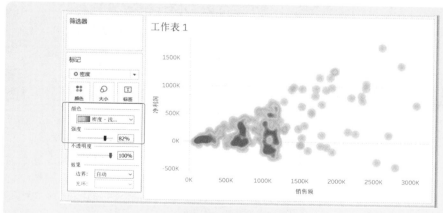

图 9-2 设置颜色和强度

第9章　Tableau 常见图表制作与应用：密度图

另外，还可以根据实际需要，合理设置大小。例如，如果是分析地区销售分布，就可以通过设置大小，生成热图效果。如图 9-3 所示是设置大小后的密度图。

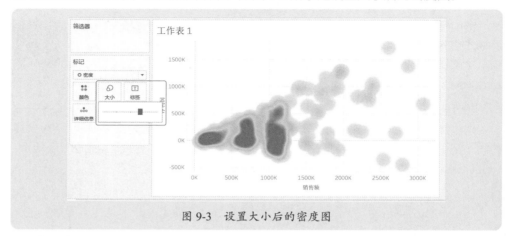

图 9-3　设置大小后的密度图

如果将工作表背景颜色设置为暗色（黑色），那么通过合理设置密度图颜色，会使图表看起来更加震撼，如图 9-4 所示。

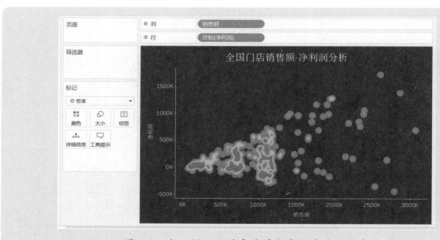

图 9-4　合理搭配工作表背景颜色和密度图颜色

9.2　密度图与地图结合起来制作地区分布热图

本案例中，有一个维度"城市"，可以将这个字段设置为"地理角色"中的"城市"，如图 9-5 所示，那么就可以绘制基于地图的密度图了。

基本方法是先绘制地图，然后把标记类型设置为"密度"，再设置密度图颜色、强度及大小，为了更加清晰表示每个城市（地区）的门店数，可以将度量"记录数"拖至"颜色"卡上，就得到了如图 9-6 所示的各城市地区开设门店数的地图密度图。

图 9-5　转换字段为地理角色

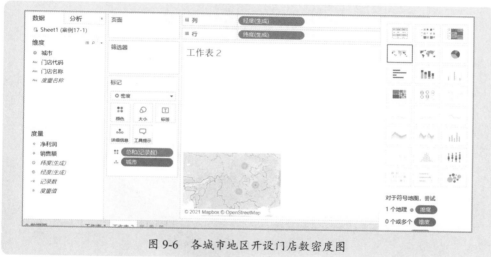

图 9-6　各城市地区开设门店数密度图

　　如果将字段"销售额"拖至"颜色"卡，就得到了各地区销售额的城市分布密度图。

第 10 章

Tableau 常见图表制作与应用：盒须图

　　盒须图，用来分析一组数据的分布，实质上就是四分位图，默认情况下，用 5 个数据点来表示：下须、下枢纽、中位数、上枢纽、上须。通过盒须图可以观察整体是否正常，是否有异常值。

10.1 盒须图制作方法

盒须图制作很简单，下面结合具体例子，说明盒须图的制作方法和技巧。

10.1.1 以统计表数据制作盒须图

图 10-1 是各分公司销售每个产品的统计表，现在要分析每个分公司的销售是否正常。本案例数据源是 Excel 文件"案例 10-1.xlsx"。

建立数据连接，将各产品列进行转置，并修改字段名称，得到图 10-2 所示的表。

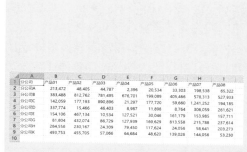

图 10-1　各分公司的各产品销售额统计表

图 10-2　建立数据连接，转置表格

切换到工作表 1，将"分公司"拖至列区域，将"销售额"拖至行区域，将"产品"拖至"详细信息"卡，再展开"智能显示"面板，单击盒须图，就得到了每个分公司销售各产品的盒须图，如图 10-3 所示。

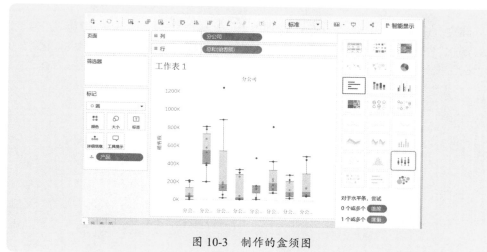

图 10-3　制作的盒须图

隐藏"智能显示"面板，调整工作表大小，取消显示列字段标签，设置工作表标题，得到如图 10-4 所示的盒须图。

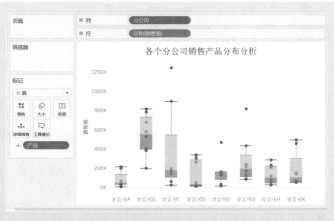

图 10-4　各分公司销售产品的盒须图

　　在这个盒须图中，每个圆点就代表一个产品，可以看出：分公司 B 对各产品的销售比较均衡，并且整体销售也处于较高水平；分公司 C 的大部分产品销售比分公司 B 的低，并且集中在中位数附近，但产品 03 和产品 07 的销售明显高于其他分公司，尤其是产品 07，明显偏离其他产品，这个产品的销售是一个异常点。

10.1.2　以原始数据制作盒须图

　　前面介绍的是单一维度和度量并且不是重复数据的盒须图，因此就不存在聚合情况。实际工作中，我们需要以原始表格数据做分析，例如，人力资源工作中做工资分布分析。

　　下面的例子数据源是 Excel 文件"案例 10-2.xlsx"，工作表数据是当月所有员工工资表。

　　建立数据连接，将"姓名"拖至"详细信息"卡上（如果姓名有重复，就拖"工号"），将"部门"拖至列区域，将"应税所得"拖至行区域，制作盒须图，得到如图 10-5 所示的工资分布分析盒须图，这里已经将各部门的顺序做了手动排序调整。

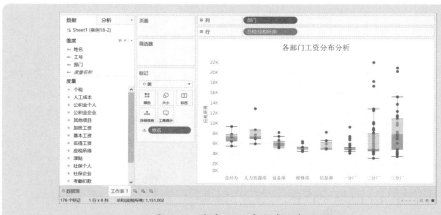

图 10-5　各部门工资分布分析盒须图

　　从这个盒须图可以看出，二分厂和三分厂的员工工资非常分散，有几个人远远偏离上须，尤其是二分厂，中位数几乎与下枢纽（第 1 分位）值接近，并且有三个人工资远高于大部分人工资，因此，二分厂和三分厂的工资结构存在问题。

10.1.3　对于原始数据，是否对度量聚合

　　大部分原始数据，各行数据是明细，当按照某个维度做盒须图时，默认情况下会对这个度量的每个项目做聚合，此时得到的盒须图是每个项目聚合后的值分析，并不是原始数据的分析。

　　例如，现在有 2021 年上半年每天的销售记录表，要分析每个月各产品销售情况。本数据源是 Excel 文件"案例 10-3.xlsx"。

　　建立数据连接，制作盒须图，默认情况下，会得到如图 10-6 所示图表。

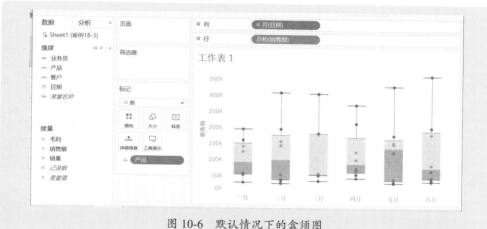

图 10-6　默认情况下的盒须图

　　这个图表中，每个月份的小圆点只有 8 个，按照每个产品进行了聚合（对销售额求和），因此每个圆点是每个产品在每个月的销售额合计数，并不是每个月的销售订单分布。

　　如果要了解每个产品在每个月的每笔销售额分布，就需要取消度量聚合，方法是执行"分析"→"聚合度量（A）"命令，如图 10-7 所示。

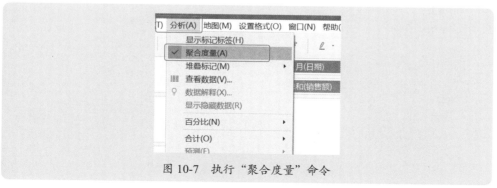

图 10-7　执行"聚合度量"命令

这样就得到如图 10-8 所示的盒须图,这个图表是分析每个月的每个订单销售额分布,而不是一个月的合计数。

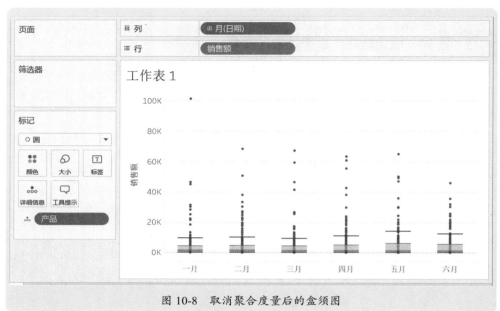

图 10-8 取消聚合度量后的盒须图

为了观察每个月中各产品的销售分布,或者分析每个产品在每个月的销售分布,还可以将产品拖至行或列,从而生成多个类别的盒须图,如图 10-9 和图 10-10 所示。这里我们调整了行列的位置。

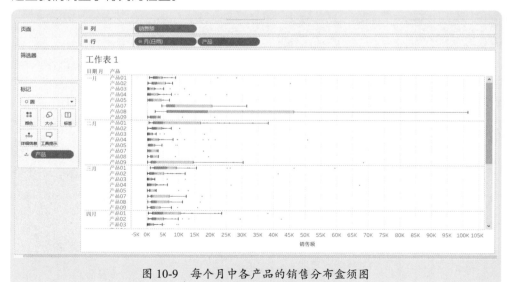

图 10-9 每个月中各产品的销售分布盒须图

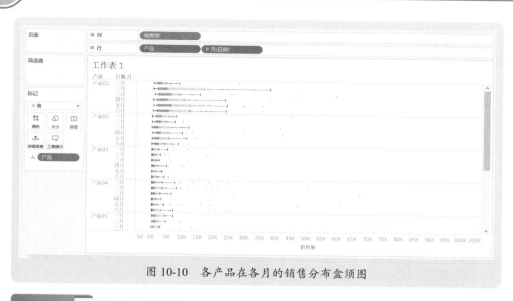

图 10-10　各产品在各月的销售分布盒须图

10.2　盒须图格式化

　　一般来说，盒须图制作完毕后，可以通过数据点分布及盒子大小来分析数据。不过，为了使盒须图能够更加清晰地表达数据分布，一目了然地发现问题，还需要对盒须图进行格式化处理。

　　下面我们以图 10-4 所示的盒须图为例，介绍盒须图格式化的基本方法和技巧。

10.2.1　设置数据点颜色和大小

　　盒须图中，数据点是一个小圆点，我们可以设置其颜色和大小，单击"颜色"卡，就设置圆点颜色；单击"大小"卡，通过拖动滑块来设置圆点大小。图 10-11 所示就是一个设置后的示例。

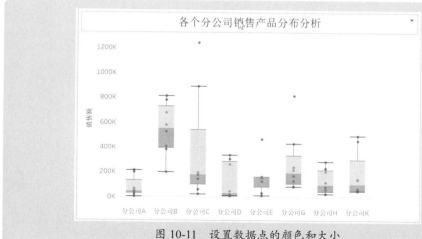

图 10-11　设置数据点的颜色和大小

10.2.2 设置盒须格式

盒须格式包括须状延伸范围、样式、填充、边界、须状等，方法是在数值轴处右击，执行"编辑参考线"命令，如图 10-12 所示，打开"编辑参考线"对话框，如图 10-13 所示，然后对盒须的相关项目进行设置。

图 10-12　执行"编辑参考线"命令

图 10-13　"编辑参考线"对话框

图 10-14 所示就是设置了相关项目后的盒须图。

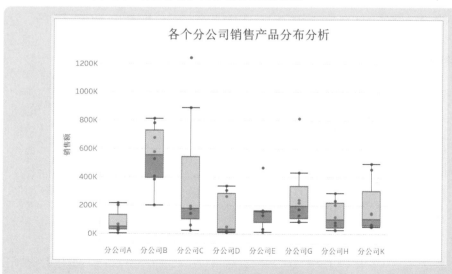

图 10-14　设置盒须格式后的盒须图效果

10.3 为盒须图添加参考线

　　默认的盒须图,各项目的中位值是不连续的,那么能不能用一条线将各项目的中位值连起来,或者再添加一条平均值线,以更加方便观察数据,分析数据的分布呢?此时,我们可以为盒须图添加参考线。

10.3.1 为盒须图添加中位数线

　　添加中位数线后的效果如图 10-15 所示。

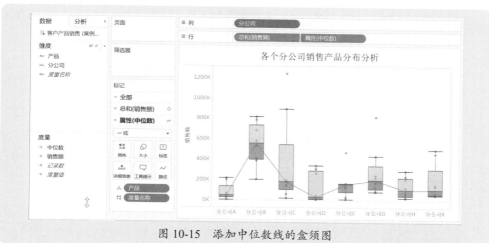

图 10-15　添加中位数线的盒须图

　　这个中位数线是利用创建的一个计算字段"中位数"绘制的折线图,然后将这个折线图设置"双轴"和"同步轴",叠加到盒须图上。

　　计算字段"中位数"的计算公式如下,如图 10-16 所示。

$$\{EXCLUDE\ [\ 产品\ ]:MEDIAN([\ 销售额\ ])\}$$

图 10-16　计算字段"中位数"

10.3.2 为盒须图添加平均值线

　　为盒须图添加平均值线,与添加中位数线一样,首先创建一个计算字段"平均值",

计算公式如下，如图 10-17 所示。

$$\{EXCLUDE\ [\text{产品}]: AVG([\text{销售额}])\}$$

图 10-17　计算字段"平均值"

然后利用这个计算字段"平均值"绘制折线图，将这个折线图设置"双轴"和"同步轴"，叠加到盒须图上，就得到有平均值线的盒须图，如图 10-18 所示。

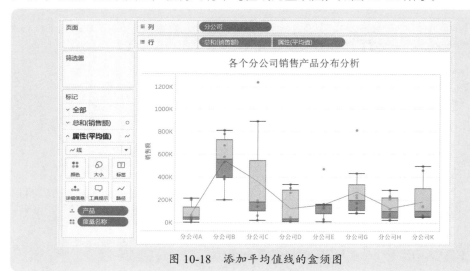

图 10-18　添加平均值线的盒须图

第11章

Tableau 常见图表制作与应用：标靶图

标靶图是条形图的扩展应用，在基本条形图上添加参考线和参考区间，可以帮助分析人员更加直观地了解两个度量之间的关系，在实际工作中，常用于目标完成分析、预算执行分析等。

11.1　标靶图制作方法

制作标靶图很简单，下面用两个例子来说明标靶图的制作方法。

11.1.1　用基本表格制作标靶图

如图 11-1 是各区域的发货指标和实际发货统计表，现在要绘制标靶图来展示各地区的发货达成情况。

本案例数据源是 Excel 文件"案例 11-1.xlsx"。

建立数据连接，然后切换到工作表，将"区域"拖至行，将"发货指标"和"实际发货"拖至列，如图 11-2 所示。

	A	B	C	D
1	区域	发货指标	实际发货	达成率
2	北一区	359	257	71.6%
3	北二区	469	533	113.6%
4	北三区	377	489	129.7%
5	南一区	184	298	162.0%
6	南二区	465	316	68.0%
7	南三区	650	411	63.2%
8				

图 11-1　各区域发货指标和实际发货统计表　　图 11-2　制作基本条形图

再展开"智能显示"面板，单击靶心图标记，如图 11-3 所示。

得到基本的标靶图，如图 11-4 所示。

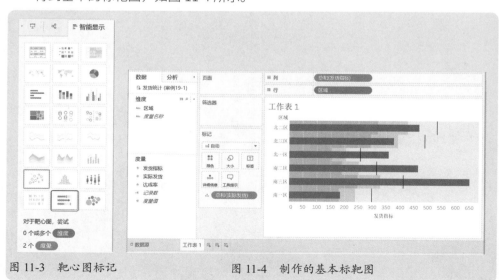

图 11-3　靶心图标记　　图 11-4　制作的基本标靶图

标靶图的特征是每个区域由一根水平条形和一根垂直线组成，条形表示实际数，

144

垂直线表示目标数，于是根据这个逻辑，再检查图表是否符合，如果不是，则需要交换参考线字段，也就是在数值轴处右击，执行"交换参考线字段"命令，如图 11-5 所示。

图 11-6 就是交换参考线字段后的标靶图，这样就正确反映了目标（靶心）和实际（条形）的信息。这里，我们已经将各区域的顺序做了调整，以使其与表格次序一致。

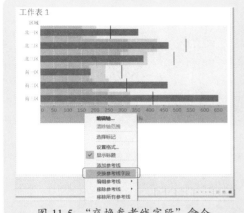

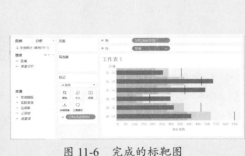

图 11-5　"交换参考线字段"命令　　　　图 11-6　完成的标靶图

11.1.2　用明细表制作标靶图

前面介绍的是根据统计报表数据制作标靶图，实际工作中，往往会给出一个目标表和实际明细表。此时如何制作标靶图以达到跟踪分析目的呢？

图 11-7 就是一个例子，一个表为"发货指标"，保存每个区域的发货指标；另一个表为"发货明细"，记录每天发往各区域的明细数据。

本案例数据源是 Excel 文件"案例 11-2.xlsx"。

图 11-7　数据源：发货指标和发货明细

建立数据连接，然后将两个表做"左侧"关联，就是将每个区域的发货指标数据匹配到发货记录表上，如图 11-8 所示。

隐藏重复列，得到图 11-9 所示的基础表。

在这个基础表中，每个区域的"发货指标"数据是重复出现的。分析过程中，我们可以进行平均值处理，以得到每个地区的真实发货目标。

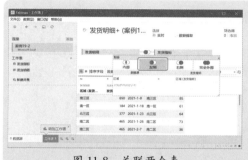

图 11-8　关联两个表　　　　　　　　图 11-9　关联合并后的基础表

按照前面介绍的方法，制作标靶图，如图 11-10 所示。

但是这个标靶图的靶心是错误的，因为它是发货指标的合计数，重复计算了。由于每个区域只有一个指标，尽管在连接数据表里发货指标出现了多次（每次是同一个数值），我们可以将其默认的求和汇总改为平均值，如图 11-11 所示，就会得到本身发货指标值了。

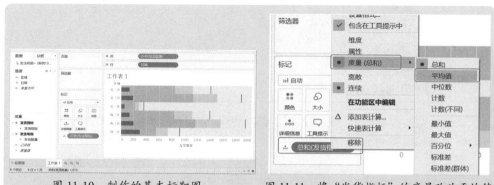

图 11-10　制作的基本标靶图　　　　图 11-11　将"发货指标"的度量改为平均值

另外，也可以将发货指标默认的"度量"改为"维度"（参阅图 11-11），同样也可以达到这个效果。

这样就得到了正确的标靶图，如图 11-12 所示。

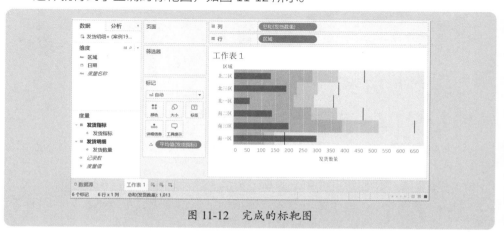

图 11-12　完成的标靶图

11.2 标靶图的格式化

对于分析达成情况的标靶图而言，默认情况下，标靶图看起来不舒服，显得比较凌乱，不需要的信息较多，因此需要进行格式化。

11.2.1 清除不需要的信息

默认的标靶图都有灰色的分布线（默认是 60%,80%/ 总和），一般不需要这个分布线，可以清除，方法是右击数值轴，执行"移除参考线"→"60%,80%/ 总和"命令，如图 11-13 所示。

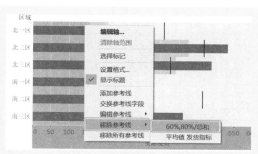

图 11-13　清除"60%,80%/ 总和"分布线

11.2.2 设置标靶线格式

右击数值轴，执行"编辑参考线"命令，打开"编辑参考线、参考区间或框"对话框，对标靶线的格式进行设置，包括显示标签为"值"、设置线的类型和向下填充，如图 11-14 所示。

图 11-15 所示是设置后的效果。

图 11-14　"编辑参考线、参考区间
或框"对话框

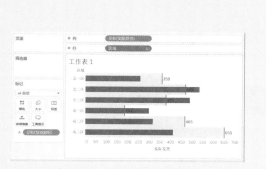

图 11-15　设置标靶线格式

我们也可以右击标靶线，执行"设置格式"命令，打开设置参考线格式窗格，如图 11-16 所示，然后继续对标靶线的格式进行设置，例如字体（字号、颜色），数字格式等。

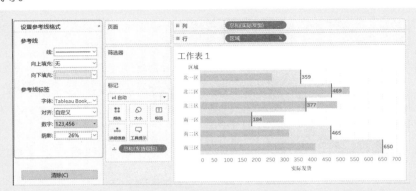

图 11-16　左侧的"设置参考线格式"窗格：继续设置标靶线格式

11.2.3　设置其他项目

例如，为实际完成添加数据标签，设置实际发货条形的颜色等，就得到了比较清晰、分析各区域完成进度的标靶图，如图 11-17 所示。

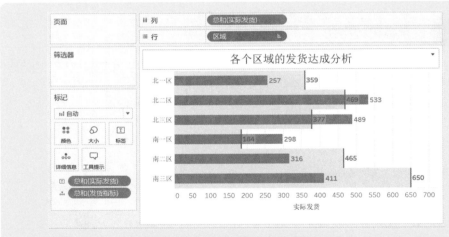

图 11-17　各区域的发货达成分析

11.2.4　显示完成率

如果要显示发货完成率，则需要创建一个计算字段"完成率"，计算公式如下，如图 11-18 所示。

SUM([发货数量])/AVG([发货指标])

再将完成率显示到图表上，如图 11-19 所示。

图 11-18 创建计算字段"完成率"

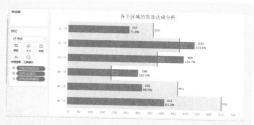

图 11-19 显示发货数量和发货完成率的标靶图

11.3 实际应用案例：收款进度跟踪

如图 11-20 所示为一个合同及收款表，现在要求制作各个客户收款标靶图，监控各个客户的收款情况，如图 11-21 所示。

本案例数据源是 Excel 文件"案例 11-3.xlsx"。

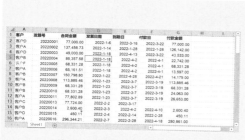

图 11-20 合同及收款表

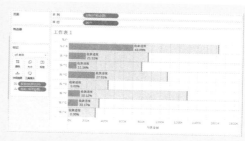

图 11-21 客户收款进度跟踪

建立数据连接，先创建计算字段"收款比例"，计算公式如下，如图 11-22 所示。

SUM(ZN([付款金额]))/sum([合同金额])

切换到工作表，进行以下布局：将"客户"拖至行，将"合同金额"和"收款金额"拖至列，如图 11-23 所示。

图 11-22 计算字段"收款比例"

图 11-23 布局工作表

展开"智能显示"面板，单击标靶图，将图表转换为标靶图，如图 11-24 所示。

右击坐标轴，执行"移除参考线"命令，删除多余的参考线，如图 11-25 所示。

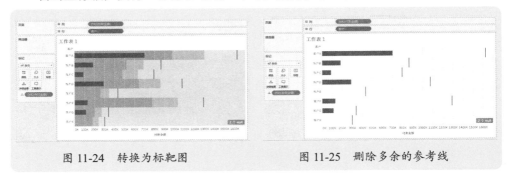

图 11-24　转换为标靶图　　　　　图 11-25　删除多余的参考线

设置"付款金额"条形的颜色和大小，如图 11-26 所示。

设置"合同金额"线（就是最右侧的垂直线）的格式：设置线条粗细，向下填充颜色，如图 11-27 所示。

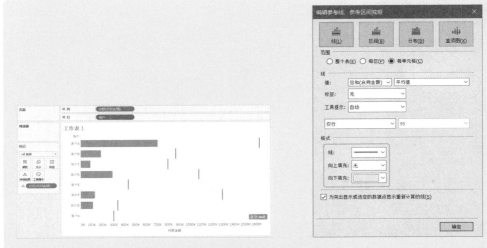

图 11-26　设置"付款金额"条形的颜色和大小　　图 11-27　设置"合同金额"线的格式

为工作表添加网格线，设置网格线格式，以及设置行分隔符格式和列分隔符格式，让工作表显示网格线和分隔符，就得到一个清晰的图表，如图 11-28 所示。

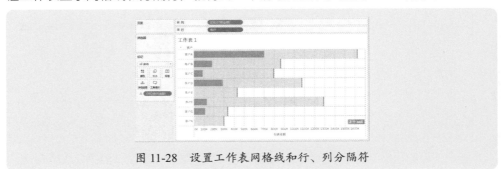

图 11-28　设置工作表网格线和行、列分隔符

将"收款比例"拖至标签卡上，然后编辑标签文本，如图 11-29 所示。

图 11-29　编辑标签文本

再设置标签的数字格式为百分比，就得到了我们需要的收款进度标靶图。

第 12 章

Tableau 常见图表制作与应用：甘特图

甘特图是项目管理中的常用图表之一，用来把控项目进度。在甘特图中，每个单独的标记（通常是一个条形）显示一段持续时间，从而了解项目从何时开始，持续多长时间，到什么时候结束。

本章介绍在 Tableau 中制作甘特图的方法和技巧，以及一些其他应用。

12.1 数据完整的甘特图制作方法

图 12-1 是一个数据完整的项目计划表。所谓信息完整,是指有开始日期、持续时间和结束日期。此数据源文件是 Excel 文件"案例 12-1.xlsx"。

	A	B	C	D	E
1	序号	项目	计划开始时间	计划天数	计划结束时间
2	1	市场调研	2021-6-7	10	2021-6-17
3	2	编制可行性方案	2021-6-18	4	2021-6-22
4	3	开会讨论	2021-6-29	2	2021-7-1
5	4	修改方案	2021-7-2	3	2021-7-5
6	5	确定供货商	2021-7-7	5	2021-7-12
7	6	施工安装	2021-7-17	45	2021-8-31
8	7	调试	2021-9-2	4	2021-9-6
9	8	验收	2021-9-7	1	2021-9-8
10					

图 12-1　项目进度计划表

建立数据连接,注意,如果序号是度量,要设置为维度。

首先将度量"计划开始时间"拖至列,并将其设置为"天",如图 12-2 所示。

图 12-2　拖放维度"计划开始日期"至列区域

再将维度"序号"和"项目"拖至列,就自动得到了一个甘特图,如图 12-3 所示。

图 12-3　制作的甘特图

这个甘特图并没有显示持续天数，仅仅是显示计划开始日期垂直线。将度量"计划天数"拖至"大小"卡上，就得到了我们需要的甘特图，如图 12-4 所示。

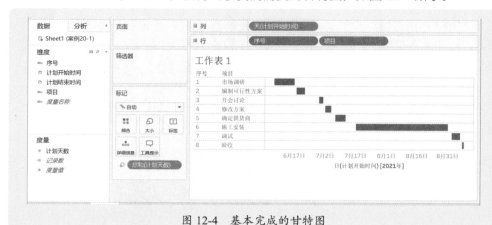

图 12-4　基本完成的甘特图

这个图表还需要进一步完善和美化。

首先设置时间轴的格式，打开"编辑轴"对话框，在"常规"选项卡中，根据表格的实际日期，设置固定日期的范围，如图 12-5 所示，然后在"刻度线"选项卡中根据需要设置刻度线，以使时间刻度清晰，如图 12-6 所示。

图 12-5　设置时间坐标轴的范围

图 12-6　设置时间坐标轴的刻度线

然后设置日期坐标轴的数字格式，如图 12-7 所示，并添加列网格线，如图 12-8 所示。

图 12-7　设置坐标轴日期格式

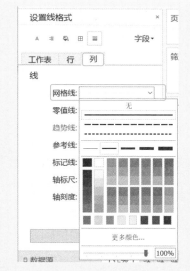

图 12-8　设置列网格线

再根据需要做其他美化，就得到了我们需要的甘特图，如图 12-9 所示。

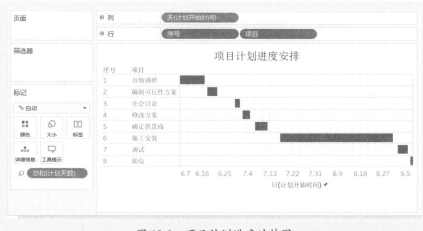

图 12-9　项目计划进度甘特图

12.2　数据不完整的甘特图制作方法

图 12-10 是一个只有计划开始时间和计划结束时间的项目计划表，要求制作项目计划进度甘特图。此数据文件是 Excel 文件 "案例 12-2.xlsx"。

创建一个计算字段 "计划天数"，公式如下，如图 12-11 所示。

DATEDIFF('day',[计划开始时间],[计划结束时间])

这样数据表中就得到了一个计算字段 "计划天数"，如图 12-12 所示。

序号	项目	计划开始时间	计划结束时间
1	市场调研	2021-6-7	2021-6-17
2	编制可行性方案	2021-6-18	2021-6-22
3	开会讨论	2021-6-29	2021-7-1
4	修改方案	2021-7-2	2021-7-5
5	确定供货商	2021-7-7	2021-7-12
6	施工安装	2021-7-17	2021-8-31
7	调试	2021-9-2	2021-9-6
8	验收	2021-9-7	2021-9-8

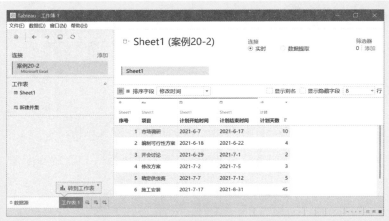

图 12-10　项目进度计划表

图 12-11　创建计算字段“计划天数”

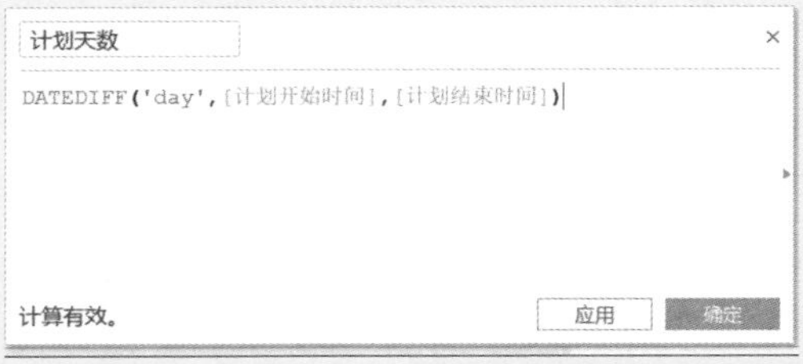

图 12-12　添加的计算字段“计划天数”

然后采用前面介绍的方法绘制甘特图，设置格式，就得到了项目计划进度甘特图。

12.3 同时显示计划和实际完成的甘特图

很多实际情况是既要显示项目计划时间，又要有实际执行进度情况，图 12-13 就是一个这样的计划进度与实际进度表格。

本案例数据源是 Excel 文件“案例 12-3.xlsx”。

由于存在合并单元格，因此需要先取消合并单元格并填充数据，整理表格为规范的表单，如图 12-14 所示。

序号	项目	状况	开始时间	天数	结束时间
1	市场调研	计划	2021-6-7	10	2021-6-17
		实际	2021-6-8	8	2021-6-16
2	编制可行性方案	计划	2021-6-18	4	2021-6-22
		实际	2021-6-18	2	2021-6-20
3	开会讨论	计划	2021-6-29	2	2021-7-1
		实际	2021-6-27	4	2021-7-1
4	修改方案	计划	2021-7-2	3	2021-7-5
		实际	2021-7-5	2	2021-7-7
5	确定供货商	计划	2021-7-7	5	2021-7-12
		实际	2021-7-12	11	2021-7-23
6	施工安装	计划	2021-7-17	45	2021-8-31
		实际	2021-7-26	32	2021-8-27
7	调试	计划	2021-9-2	4	2021-9-6
		实际	2021-8-29	3	2021-9-1
8	验收	计划	2021-9-7	1	2021-9-8
		实际	2021-9-3	2	2021-9-5

图 12-13　项目进度数据

序号	项目	状况	开始时间	天数	结束时间
1	市场调研	计划	2021-6-7	10	2021-6-17
1	市场调研	实际	2021-6-8	8	2021-6-16
2	编制可行性方案	计划	2021-6-18	4	2021-6-22
2	编制可行性方案	实际	2021-6-18	2	2021-6-20
3	开会讨论	计划	2021-6-29	2	2021-7-1
3	开会讨论	实际	2021-6-27	4	2021-7-1
4	修改方案	计划	2021-7-2	3	2021-7-5
4	修改方案	实际	2021-7-5	2	2021-7-7
5	确定供货商	计划	2021-7-7	5	2021-7-12
5	确定供货商	实际	2021-7-12	11	2021-7-23
6	施工安装	计划	2021-7-17	45	2021-8-31
6	施工安装	实际	2021-7-26	32	2021-8-27
7	调试	计划	2021-9-2	4	2021-9-6
7	调试	实际	2021-8-29	3	2021-9-1
8	验收	计划	2021-9-7	1	2021-9-8
8	验收	实际	2021-9-3	2	2021-9-5

图 12-14　整理规范表格

建立查询，然后在工作表中进行下面的布局：

将"项目"和"状况"拖至行；

将"开始时间"拖至列；

将"状况"拖至"颜色"卡；

将"天数"拖至"大小"卡。

得到同时显示计划进度和实际进度的甘特图，如图 12-15 所示。然后根据实际情况，对图表进行格式设置即可。

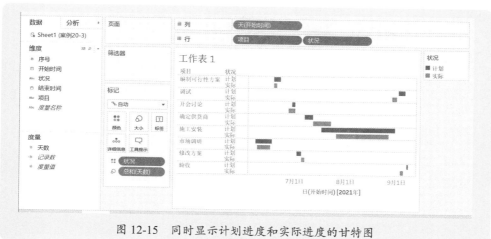

图 12-15　同时显示计划进度和实际进度的甘特图

第13章

Tableau 常见图表制作与应用：方形图

在某些数据分析中，需要以颜色深浅来表示多个维度的数据大小，此时可以使用方形图来解决。

方形图实质上是一个表格，但是使用颜色来填充每个单元格，对数据进行比较和分类。

13.1　方形图的基本制作方法

下面以图 13-1 所示的案例为例，来介绍方形图的基本制作方法。本案例数据源是 Excel 文件"案例 13-1.xlsx"。

建立连接，然后将产品进行转置，修改名称，得到图 13-2 所示的一维表。

图 13-1　各地区各产品的销售统计　　　　　图 13-2　转置产品，整理数据

将"产品"拖至列区域，将"地区"拖至行区域，将销售额拖至"颜色"卡，自动得到方形图，如图 13-3 所示。

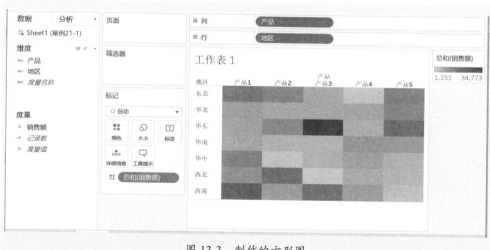

图 13-3　制作的方形图

在方形图中，颜色越深，表示该单元格数值越大。这种方形图，可以实现多分类数据大小比较。

根据需要，我们可以设置方形的颜色，以及设置每个单元格边框颜色，以便能更加清晰地观察每个单元格，如图 13-4 所示。

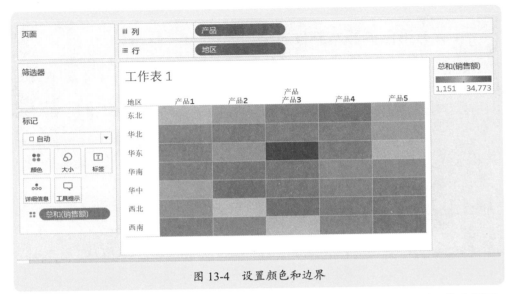

图 13-4　设置颜色和边界

如果再将度量"销售额"拖至"大小"卡上，就会生成如图 13-5 所示的方形图，每个单元格里有一个大小不一的方块，方块越大，表示数值越大。

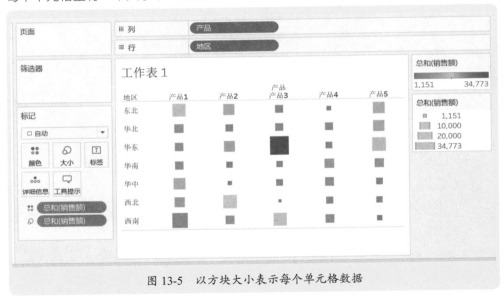

图 13-5　以方块大小表示每个单元格数据

13.2　多度量的方形图

前面介绍的是方形图的基本制作方法，下面我们再介绍一个基于原始流水数据的方形图。本案例数据源是 Excel 文件"案例 13-2.xlsx"。

建立数据连接，然后进行布局：

将"产品"拖至列;

将"月份"拖至行;

将"销售额"拖至"颜色"卡。

得到关于各产品在各月销售额的方形图,如图 13-6 所示。

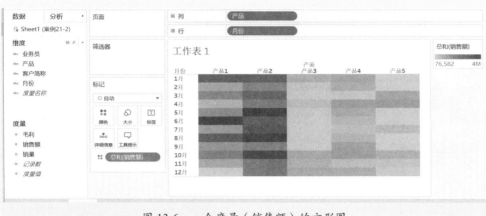

图 13-6　一个度量(销售额)的方形图

再将度量"毛利"拖至视图区(就是中间的单元格方块颜色区域),就得到了如图 13-7 所示的两个度量(销售额和毛利)的方形图。

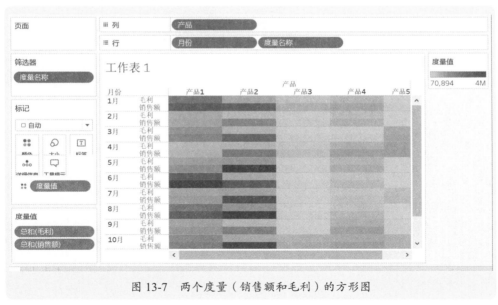

图 13-7　两个度量(销售额和毛利)的方形图

这个图表看起来不方便,将行区域中的"度量名称"拖至列区域"产品"后面,每个产品下生成两列,分别表示销售额和毛利,如图 13-8 所示,这里已经手动将销售额和毛利调整了次序。

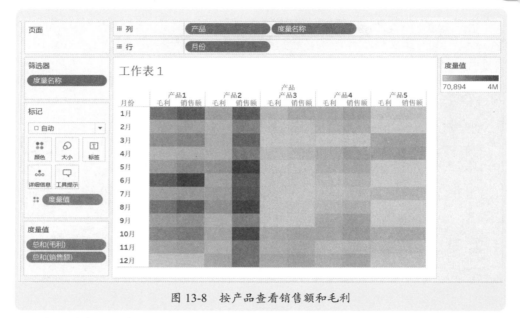

图 13-8　按产品查看销售额和毛利

　　为了使各月、各产品的区分更加清晰，可以设置颜色边界，设置工作表的行分隔符和列分隔符的颜色及粗细，就得到如图 13-9 所示的图表。

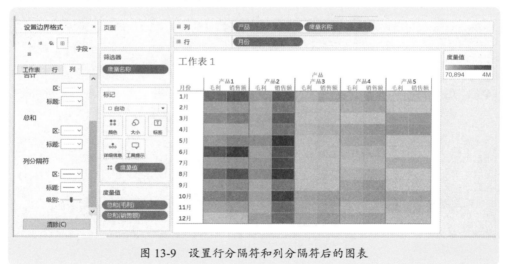

图 13-9　设置行分隔符和列分隔符后的图表

　　如果要区分每个季度来查看月份，则可以对月份进行分组，就得到如图 13-10 所示的方形图。

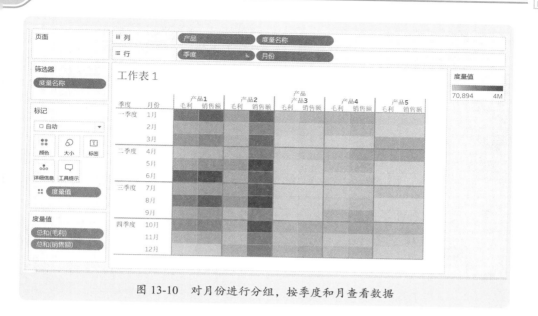

图 13-10 对月份进行分组，按季度和月查看数据

第 **14** 章

Tableau 常见图表制作与应用：形状图

Tableau 提供很多类型的标记，其中形状是一种非常有用的标记，不仅可以与其他图表联合起来使用醒目标识数据，还可以制作醒目的文本表，观察数据类别。

本章主要讲解 Tableau 的形状图相关的知识。

14.1 形状的基本使用方法

形状的使用是很简单的，将标记类型选择"形状"，如图 14-1 所示，然后选择某个类型的形状，如图 14-2 所示。

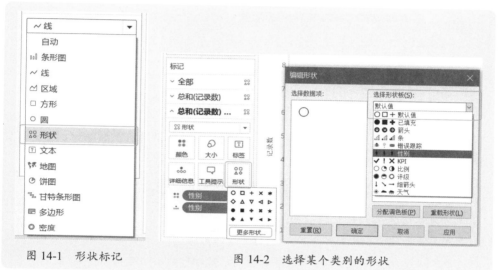

图 14-1　形状标记　　　　图 14-2　选择某个类别的形状

下面以 Excel 文件"案例 14-1"的员工信息为例，使用男女形状来分析每个部门的男女员工人数构成。

建立数据连接，然后做如下的布局：将"所属部门"拓展至列，将"记录数"拖至行，从"标记"下拉列表中选择"形状"，就得到如图 14-3 所示的基本形状图。

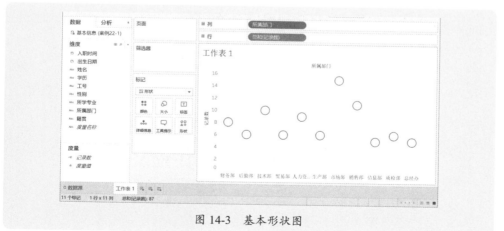

图 14-3　基本形状图

将"性别"拖至"颜色"卡和"形状"卡上，就得到如图 14-4 所示用两种颜色、两种形状显示男女人数的图表。

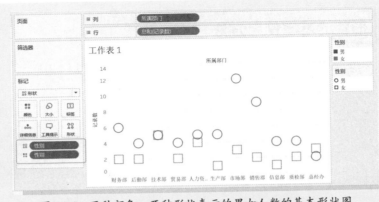

图 14-4　两种颜色、两种形状表示的男女人数的基本形状图

　　单击"形状"卡，打开"编辑形状"对话框，选择"性别"，然后分别对男、女设置不同形状，如图 14-5 所示。

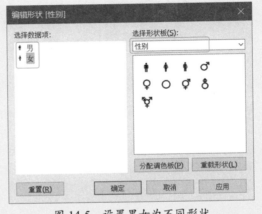

图 14-5　设置男女为不同形状

　　这样就得到如图 14-6 所示的图表。

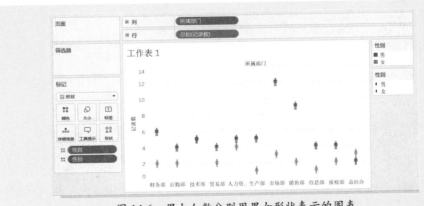

图 14-6　男女人数分别用男女形状表示的图表

单击"大小"卡，调整形状的大小，如图 14-7 所示。

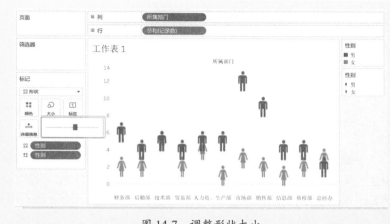

图 14-7　调整形状大小

再往行区域拖一个度量"记录数"，将其标记类型设置为"线"，并设置双轴和同步轴，不显示标题，就得到如图 14-8 所示图表，即以男女形状表示各部门人数的分布图。

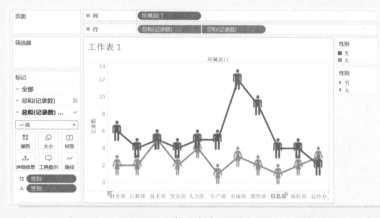

图 14-8　以男女形状表示各部门男女人数的分布图

14.2　利用形状制作进度 KPI 指标

我们还可以利用形状来制作完成进度 KPI 的分析表，诀窍是创建 KPI 字段，然后进行布局设置。

图 14-9 所示是一季度各地区各产品完成的进度表，现在要求制作一个进度监控可视化表，如果完成 1/3 以上，就用蓝色的形状 ✔ 表示，如果完成率低于 1/3，就用红色的形状 ✖ 表示。

本案例数据源是 Excel 文件"案例 14-2.xlsx"。

	A	B	C	D	E	F
1						
2	2021年一季度产品完成进度(%)统计					
3	地区	产品1	产品2	产品3	产品4	产品5
4	华北	51.7%	11.1%	61.7%	29.5%	52.5%
5	华南	27.6%	17.1%	69.5%	30.3%	61.9%
6	西南	31.9%	38.7%	76.4%	69.8%	37.0%
7	西北	5.5%	45.1%	39.2%	14.7%	68.1%
8	华中	24.2%	22.5%	49.9%	64.3%	27.6%
9	华东	56.7%	39.9%	57.0%	58.1%	37.6%
10	东北	40.0%	55.7%	23.3%	14.3%	63.0%

图 14-9　一季度各地区各产品完成的进度

首先建立数据连接,使用"数据解释器"自动整理数据,提升标题,如图 14-10 所示。然后将各产品进行转置,得到如图 14-11 所示一维表。

图 14-10　建立数据连接,自动解释整理数据

图 14-11　转置各列产品,生成一维表

创建一个计算字段"进度标记",公式如下,如图 14-12 所示。

IF [进度]>=1/3 THEN " 进度以上 " ELSE " 进度以下 " END

图 14-12　计算字段"进度标记"

切换到工作表,做如下布局:将"地区"拖至行,将"产品"拖至列,将"进度"拖至"文本"卡,如图 14-13 所示。

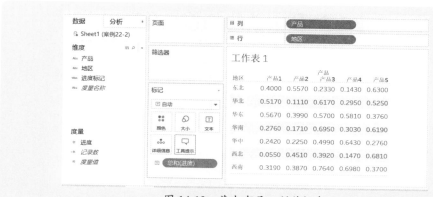

图 14-13　基本布局，制作报表

将标记类型选择为"形状"，如图 14-14 所示。

图 14-14　标记类型设置为"形状"

将计算字段"进度标记"拖至"形状"卡上，同时将"总和（进度）"拖出"标记"卡，如图 14-15 所示。

图 14-15　将"进度标记"拖至"形状"卡，将"总和（进度）"拖出"标记"卡

单击"形状"卡，打开"编辑形状"对话框，选择形状"KPI"，然后分别给进度以上和进度以下设置不同的形状，如图 14-16 所示。

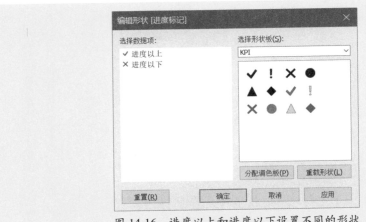

图 14-16　进度以上和进度以下设置不同的形状

这样就得到如图 14-17 所示的 KPI 进度监控表。然后根据需要，我们可以对形状的大小进行设置。

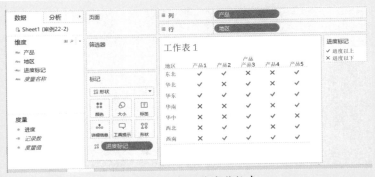

图 14-17　KPI 进度监控表

如果不将"总和（进度）"拖出"标记"卡，那么就会得到如图 14-18 所示的进度跟踪表（这里已经将数字格式设置为百分比），不过此时需要放大视图，才能将数字和形状展开，否则在视图很小的情况下，两者叠加在一起，很难分辨。

图 14-18　同时显示进度百分比和形状的图表

第15章

Tableau 常见图表制作与
应用：旋风图

　　旋风图是对两种不同性质进行对比分析，将它们分别绘制成
向右、向左的条形，或者绘制成向上、向下的柱形，在分析员工
性别分布、新进离职分布、两年财务指标分析、资金流入流出分
析等方面，是很有用的。

　　Tableau 并没有旋风图这种类型的图表。旋风图，实际上是
由条形图编辑加工而来的。

　　本章结合三个实例，介绍旋风图的制作方法和技巧。

15.1　员工性别分布

下面我们以分析各部门男女员工人数分布说明旋风图的基本制作方法和技巧。

本案例数据源是 Excel 文件"案例 15-1.xlsx"的员工信息数据表。

建立数据连接，创建两个计算字段"男"和"女"，如图 15-1 和图 15-2 所示。

计算字段"男"，公式如下：

IF [性别]=" 男 " THEN [记录数] END

计算字段"女"，公式如下：

IF [性别]=" 女 " THEN [记录数] END

图 15-1　计算字段"男"

图 15-2　计算字段"女"

将"所属部门"拖至行区域，将两个计算字段"男"和"女"拖至列区域，得到如图 15-3 所示基本条形图。

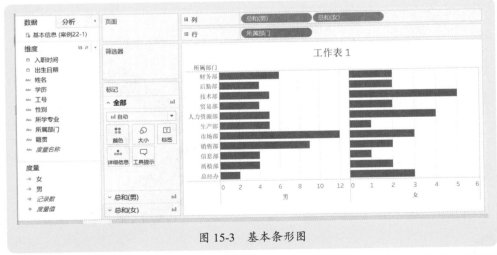

图 15-3　基本条形图

右击"男"坐标轴，执行"编辑轴"命令。打开"编辑轴"对话框，选择"倒序"复选框，如图 15-4 所示。

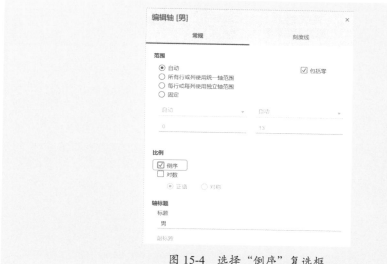

图 15-4　选择"倒序"复选框

这样，表示男员工人数的条形向左方伸展，与表示女员工人数的条形"背靠背"，如图 15-5 所示。

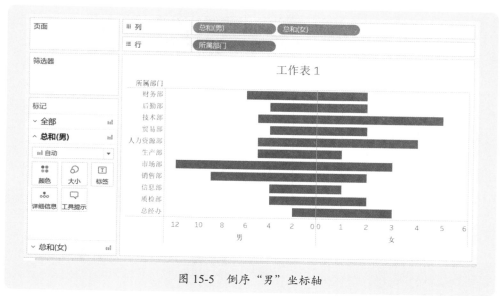

图 15-5　倒序"男"坐标轴

在列区域中，分别选择"男"和"女"，然后分别设置它们的颜色，以区分表示男女的条形，如图 15-6 所示。

再在列区域中,分别选择"男"和"女",将度量"男"和"女"分别拖至"标签"卡上，显示男女人数数字，如图 15-7 所示。

这个图表中，男女两个条形图的坐标轴刻度是不一致的，导致视觉判断错误，例如，技术部的男女人数都是 5 人，但是女员工的条形图就很长，因此，需要将两个图表的刻度设置一致，如图 15-8 所示。

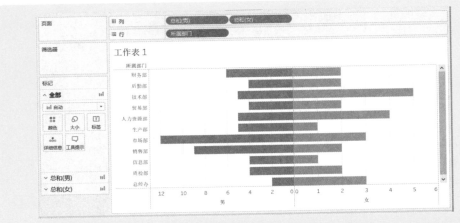

图 15-6　编辑男女条形的颜色

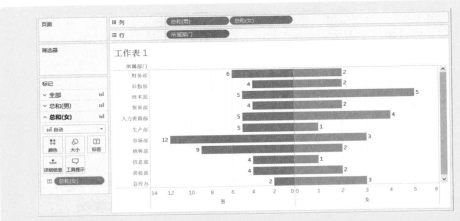

图 15-7　显示男女人数的数字标签

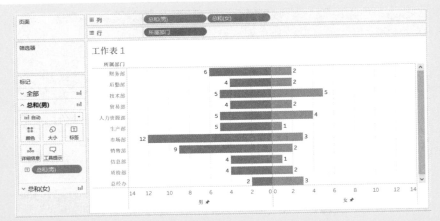

图 15-8　调整坐标轴刻度，正确显示图表

15.2 两年财务指标分析

图 15-9 所示是某公司两年财务指标数据，那如何制作旋风图，对比分析两年指标呢？

本案例数据源是 Excel 文件"案例 15-2.xlsx"的员工信息数据表。

	A	B	C
1	财务指标	去年	今年
2	主营业务利润率	34.87%	30.65%
3	毛利率	22.65%	18.54%
4	净利润率	18.52%	14.61%
5	资产负债率	48.19%	66.77%
6	三年复合增长率	13.35%	8.53%
7			

图 15-9 某公司两年主要财务指标

这个案例的旋风图制作方法与前面介绍的基本相同，不过不需要再创建计算字段将两类数字分开。

首先布局字段，得到如图 15-10 所示基本条形图。

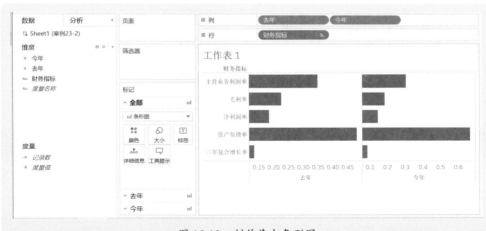

图 15-10 制作基本条形图

将"去年"的坐标轴倒序，并设置坐标轴的数字格式为百分比，得到如图 15-11 所示图表。

分别选择"去年"和"今年"，设置它们的颜色；添加数据标签，并设置数据标签的数字格式为百分比，那么就得到了所需的图表，如图 15-12 所示。

第15章 Tableau 常见图表制作与应用：旋风图

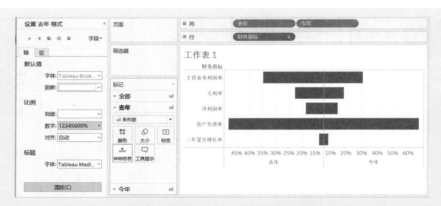

图 15-11　倒序去年坐标轴，并设置坐标轴数字格式为百分比

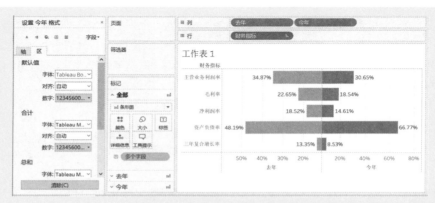

图 15-12　两年财务指标分析旋风图

15.3　资金流入流出分析

　　各月的资金流动情况如何？流入了多少？流出了多少？每个月的余额是多少？这些从资金流入流出分析图中都能看出来。只不过这个旋风图不是水平条形，而是上下条形：资金流出是向下的条形，资金流入是向上的条形。

　　图 15-13 是一个示例，保存了各月的资金流入和资金流出。现在要制作各月资金流入和流出的柱形图。

　　本案例数据源是 Excel 文件"案例 15-3.xlsx"的员工信息数据表。

　　建立数据连接，然后布局字段，制作如图 15-14 所示图表。

	A	B	C
1	月份	收入	支出
2	1月	708	776
3	2月	1119	259
4	3月	451	934
5	4月	667	364
6	5月	605	176
7	6月	276	277
8	7月	491	469
9	8月	951	571
10	9月	1043	952
11	10月	1188	912
12	11月	827	1040
13	12月	280	791
14			

图 15-13　各月收入支出统计表

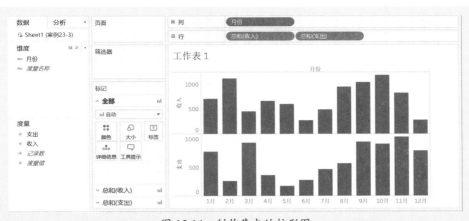

图 15-14　制作基本的柱形图

将"支出"坐标轴倒序，然后分别设置收入和支出柱形的颜色，并添加数据标签，那么就得到如图 15-15 所示的资金流动图表。

图 15-15　资金流动图

如果要再跟踪每个月的余额（假如 1 月份的期初余额是 0），那么可以创建一个计算字段"余额"，计算公式如下，如图 15-16 所示。

SUM([收入])–SUM([支出])

图 15-16　计算字段"余额"

将这个计算字段"余额"拖至行区域，并将其标记类型设置为"线"，如图
15-17 所示。

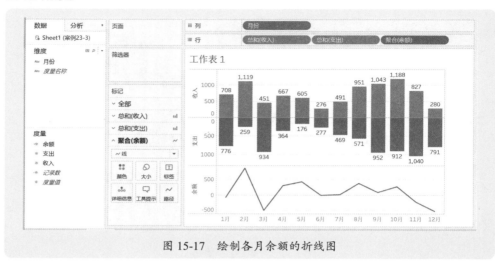

图 15-17　绘制各月余额的折线图

我们需要了解的不是每个月的当月收入减去支出数据，而是每个月的累计余额，
也就是这个月的累计收入减去累计支出,因此需要对这个"余额"添加表计算"汇总"，
如图 15-18 所示。

这样就得到了一个真正的各月资金余额折线图，如图 15-19 所示。这里，已经
为折线添加了数据标签，并且也为标签添加表计算"汇总"。

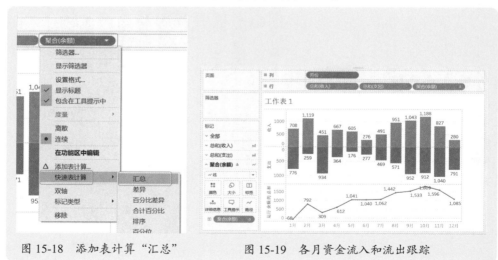

图 15-18　添加表计算"汇总"　　　　图 15-19　各月资金流入和流出跟踪

第16章

Tableau 常见图表制作与应用：帕累托图

　　帕累托图是以柱形表示每个项目的实际数（从大到小排序），以一条折线表示到每个项目的累计百分比的图表。这种图表对于分析销售（找出贡献达 80% 的是哪些客户）、分析库存（库存金额占 50% 以上的是哪些材料）等，是非常有用的。

　　Tableau 中也没有帕累托图这样的图表，由柱形图和折线图组合而成。

　　本章结合例子来讲解帕累托图的制作方法和技巧。

16.1　帕累托图的制作方法和注意事项

　　图 16-1 所示是客户销售统计表，现在要制作帕累托图，以了解客户销售排名和累计占比情况。

　　本案例数据源是 Excel 文件"案例 16-1.xlsx"。

	A	B	C
1	客户	销售额	毛利
2	客户01	504	95
3	客户02	19507	3515
4	客户03	4076	1224
5	客户04	1472	397
6	客户05	22291	6038
7	客户06	2604	965
8	客户07	821	156
9	客户08	31856	8284
10	客户09	1839	478
11	客户10	2885	434
12	客户11	722	87
13	客户12	352	49
14	客户13	1767	213
15	客户14	11689	4102
16	客户15	2310	371
17			

图 16-1　客户销售统计表

　　建立数据连接，做如下布局：

　　将"客户"拖至列区域；

　　将"销售额"拖至行区域；

　　单击工具栏上的降序排序按钮，对销售额从大到小排序。

　　这样就得到了如图 16-2 所示的图表。

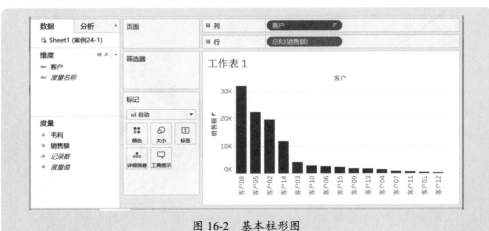

图 16-2　基本柱形图

　　再将一个"销售额"拖至行区域，并将其标记类型设置为"线"，得到如图 16-3 所示图表。

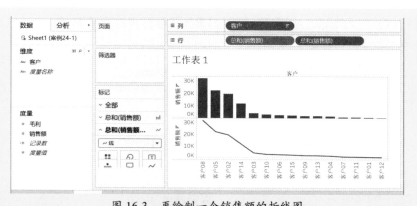

图 16-3 再绘制一个销售额的折线图

对折线销售额添加表计算，如图 16-4 所示。在主要计算类型中选择"汇总"，再添加辅助计算，从属计算类型为"合计百分比"。

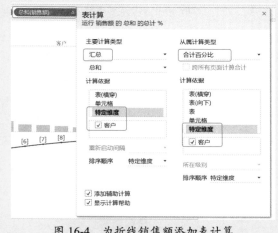

图 16-4 为折线销售额添加表计算

这样就得到了如图 16-5 所示的图表，折线变成了累计百分比折线。

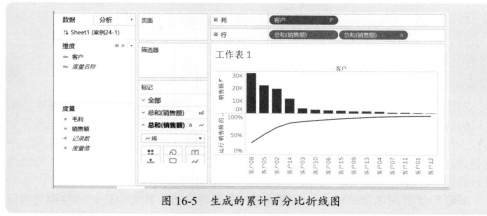

图 16-5 生成的累计百分比折线图

第16章 Tableau 常见图表制作与应用：帕累托图

将折线设置为双轴,不显示标题。如果销售额柱形变为了其他形状,必须再设置回条形。这样就得到了如图 16-6 所示的图表。

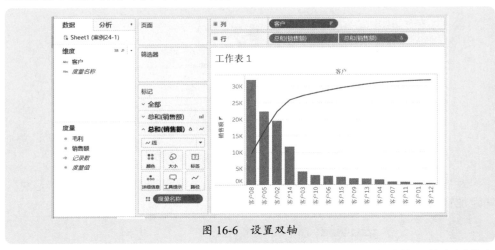

图 16-6　设置双轴

选择折线销售额,再将一个销售额拖至标签卡上,并添加表计算,就在折线上显示了累计百分比数字,如图 16-7 所示。

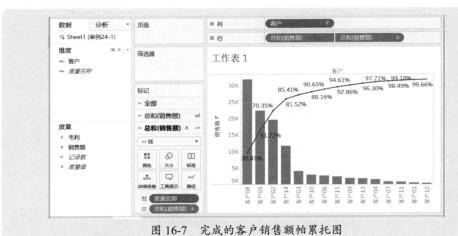

图 16-7　完成的客户销售额帕累托图

16.2　帕累托图经典应用案例:库存 ABC 管理

对于现代企业来说,存货品种往往成千上万,而且企业的存货物资往往存在着这样的现象:某些少数存货物资占用着大部分资金,而大多数存货物资仅占全部资金的较少部分。如果不区分重点,对每一项存货都进行周密的规划和严格的控制,不仅存货管理工作会变得复杂,而且容易造成顾此失彼,因此,有必要对存货物资进行分类控制,ABC 分类管理法就是一种简便有效的方法。

ABC 分类管理法是一种体现重要性原则的管理方法。其关键是对各种存货项目按其总价值的大小分成 A、B、C 三类，分别实行分品种重点管理、分类别一般控制和按总额灵活掌握的方法进行管理。存货 ABC 分类的标准主要按照金额，常见的分类标准如下。

A 类存货：存货金额约占 80%；

B 类存货：存货金额约占 15%；

C 类存货：存货金额约占 5%。

ABC 分类管理法的具体步骤如下。

（1）根据每一种存货在一定时期内（例如一年）的需求量以及价格计算出该种存货的资金占用额，并按金额从大到小的顺序进行排列；

（2）按上述排定的顺序，依次计算每一种存货资金占用额占全部资金占用额的百分比及累计的金额百分比；

（3）按上述排定的顺序，依次计算累计存货品种数占全部品种数的百分比；

（4）按事先确定的标准将全部存货划分为 A、B、C 三类；

（5）根据 ABC 分类的结果选择相应的方法，对各类存货进行控制。

图 16-8 是一个示例数据，现在要求制作库存 ABC 分类图。本案例数据源是 Excel 文件"案例 16-2.xlsx"。

	A	B	C
1	材料名称	购入单价	库存数量
2	A201	1.32	4,000
3	A202	4.10	6,200
4	A203	25.23	6,000
5	A204	3.24	1,600
6	A205	0.35	6,000
7	A206	15.87	9,600
8	A207	0.84	10,000
9	A208	18.55	7,500
10	A209	12.43	4,500
11	A210	0.12	98,600
12	A211	0.55	3,000
13	A212	3.21	9,000
14	A213	6.08	6,000
15	A214	1.52	5,200
16	A215	9.08	3,000
17			

图 16-8　存货材料示例数据

建立数据连接，创建一个自定义计算字段"金额"，公式如下，如图 16-9 所示。

[购入单价]*[库存数量]

图 16-9　计算字段"金额"

再创建一个计算字段"分类",公式如下,如图 16-10 所示。

```
IF RUNNING_SUM(SUM([ 金额 ])) / TOTAL(SUM([ 金额 ]))<=0.8 THEN
   "A 类 "
ELSEIF RUNNING_SUM(SUM([ 金额 ])) / TOTAL(SUM([ 金额 ]))<=0.95 THEN
   "B 类 "
ELSE
   "C 类 "
END
```

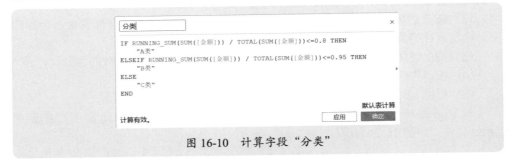

图 16-10　计算字段"分类"

采用前面介绍的制作帕累托图的方法,就可以制作如图 16-11 所示的存货 ABC 分类图。

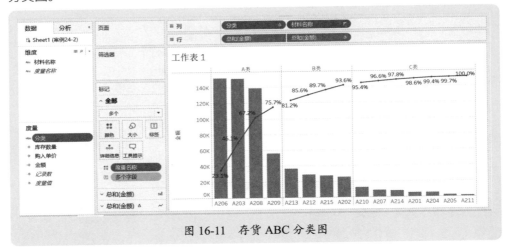

图 16-11　存货 ABC 分类图

第17章

Tableau 常见图表制作与
应用：词云图

　　词云图是一种以名称文字表示的图表，是在气泡图的基础上绘制的。在词云图中，文字字体越大，说明数据越大。在Tableau 中，词云图就是文本图。

　　本章结合例子介绍词云图的制作方法和技巧。

17.1 词云图的基本制作方法

图 17-1 是一个各商品销售数据统计表，现在要制作词云图，用文字大小和颜色来直观地表示每个商品销售大小，词云图效果如图 17-2 所示。

本案例数据源是 Excel 文件"案例 17-1.xlsx"。

	A	B	C
1	序号	商品	销售
2	1	沙发	21658
3	2	餐桌	3671
4	3	椅子	933
5	4	办公桌	632
6	5	衣柜	1585
7	6	日用品	17250
8	7	茶几	550
9	8	酒柜	769
10	9	茶具	603
11	10	餐具	3258
12	11	家电	39100
13	12	数码	10053

图 17-1 各产品销售数据

图 17-2 词云图效果

建立数据连接，将字段"商品"拖至"颜色"卡和"标签"卡。将"销售"拖至"大小"卡，就得到了如图 17-3 所示的图表。

从"标记"下拉列表中选择"文本"，如图 17-4 所示。

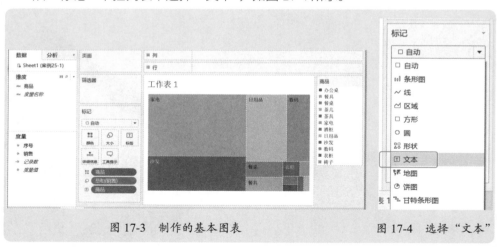

图 17-3 制作的基本图表

图 17-4 选择"文本"

那么，就得到了如图 17-5 所示的文本图，也就是词云图。最后将图例卡隐藏。

图 17-5　制作的文本图（词云图）

可以看到，家电销售最大（字体最大），沙发次之（字体小点），茶几销售最小（字体最小，几乎看不见）。

17.2　基于原始数据的词云图

前面介绍了制作词云图的基本方法，下面我们介绍一个基于最原始数据的词云图，来分析各地区的各类商品销售情况。

原始数据如图 17-6 所示。本案例数据源是 Excel 文件"案例 17-2.xlsx"。

	A	B	C	D	E	F	G	H
1	月份	地区	客户简称	业务员	产品	销量	销售额	
2	1月	西区	客户23	业务员07	家具	8482	444,220.92	
3	1月	南区	客户29	业务员23	家电	652	22,157.63	
4	1月	北区	客户12	业务员06	家电	1059	29,505.21	
5	1月	南区	客户02	业务员12	日用品	5849	63,019.97	
6	1月	东区	客户07	业务员33	家电	1024	21,402.16	
7	1月	东区	客户12	业务员28	家具	2619	203,798.67	
8	1月	东区	客户12	业务员21	日用品	3008	73,856.25	
9	1月	北区	客户23	业务员23	家电	961	34,052.78	
10	1月	西区	客户03	业务员30	生鲜	16898	92,375.95	
11	1月	北区	客户17	业务员02	生鲜	41746	169,152.84	
12	1月	东区	客户06	业务员03	生鲜	19035	93,536.69	
13	1月	西区	客户08	业务员26	生鲜	1213	3,615.00	
14	1月	西区	客户29	业务员18	家具	4522	274,093.17	

图 17-6　原始数据

建立数据连接，切换到工作表，然后做如下操作。

将"地区"拖至列区域；

将"产品"分别拖至"颜色"卡和"标签"卡；

将"销售额"拖至"大小"卡；

然后选择标记类型"文本"；

隐藏图例卡。

这样就得到了如图 17-7 所示的词云图。

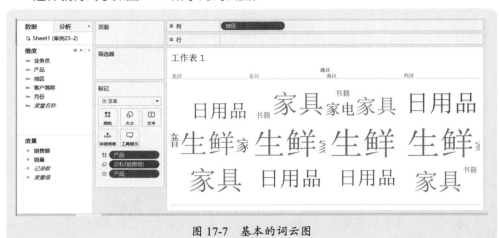

图 17-7　基本的词云图

　　这个图表中，地区分界线看起来不明显，可以添加网格线，并设置字段"地区"的格式，就得到了一个很清晰的词云图，如图 17-8 所示。

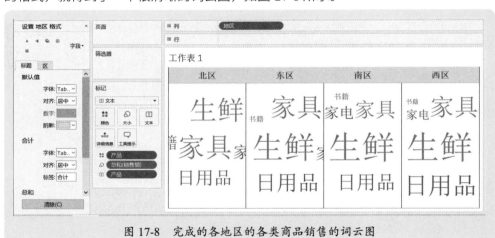

图 17-8　完成的各地区的各类商品销售的词云图

第18章

Tableau 常见图表制作与应用：地图地理分析图

地图地理数据分析图是 Tableau 中非常强大的图表之一，可用于分析地区销售分布。在使用地图和地理图表来分析数据值，数据源至少要有城市、省份或国家的维度，然后使用"智能显示"里的地图图表。

本章介绍地图地理分析图的基本操作方法和技能、技巧。

图 18-1 所示数据是各地区各城市的门店销售数据。本案例数据源是 Excel 文件 "案例 18-1.xlsx"。

	A	B	C	D	E	F	G
1	地区	城市	性质	店名	本月指标	实际销售额	
2	东北	大连	自营	AAAA-001	150000	57062	
3	东北	大连	自营	AAAA-002	280000	130192.5	
4	东北	大连	自营	AAAA-003	190000	86772	
5	东北	哈尔滨	自营	AAAA-004	90000	103890	
6	东北	沈阳	自营	AAAA-005	270000	107766	
7	东北	沈阳	自营	AAAA-006	180000	57502	
8	东北	哈尔滨	自营	AAAA-007	280000	116300	
9	东北	沈阳	自营	AAAA-008	340000	63287	
10	东北	沈阳	自营	AAAA-009	150000	112345	
11	东北	沈阳	自营	AAAA-010	220000	80036	
12	东北	沈阳	自营	AAAA-011	120000	73686.5	
13	东北	哈尔滨	加盟	AAAA-012	350000	47394.5	
14	华北	北京	加盟	AAAA-013	260000	57255.6	

图 18-1 各城市门店销售数据

18.1 地图地理分析图的制作方法和技巧

地图地理分析图的制作并不复杂，下面结合如图 18-1 所示数据介绍地图地理分析图的详细制作步骤和技能技巧。

18.1.1 转换维度的地理角色

建立数据连接后，首先将维度"城市"的地理角色设置为"城市"，如图 18-2 所示。

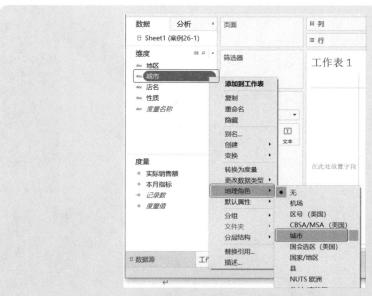

图 18-2 将维度"城市"的地理角色设置为"城市"

那么，就会自动生成"纬度"和"经度"两个新的度量，如图 18-3 所示。

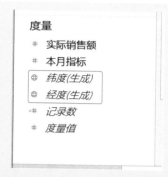

图 18-3　自动生成的"纬度"和"经度"两个新度量

18.1.2　制作地图地理分析图

将"经度"拖至列区域，将"纬度"拖至行区域，将"销售额"拖至"大小"卡，再将"城市"拖至"标签"卡和"颜色"卡，那么就自动生成了一张这些城市的销售地理分布图，如图 18-4 所示。每个城市是一个圆点，圆点的大小就代表该城市销售额的大小。

图 18-4　各城市销售地理分布图

18.2　编辑和操作地图地理分析图

地图地理分析图制作完毕后，根据实际需要，我们可以对地图地理分析图的格式进行设置，以及灵活地操作地图地理分析图。

18.2.1 调整每个城市数据点大小

为了更加醒目地观察各城市的销售大小，可以单击"大小"卡，调整每个城市数据点的大小，如图 18-5 所示。

图 18-5　设置每个城市数据点大小

18.2.2 放大和缩小地图

在地图的左上角，有一个地图操作命令栏，如图 18-6 所示，其中 ✚ 和 ━ 两个按钮用于放大和缩小地图。

图 18-6　放大和缩小地图按钮

18.2.3 搜索某个城市省份

如图 18-6 所示的地图操作命令栏上，还有一个 🔍 按钮，单击，就可输入要搜索的城市、省份名称，如图 18-7 所示，然后地图就可以快速定位到该城市所在省份，并局部放大。

图 18-7　键入要搜索的城市名称

18.2.4 重置地图

当将地图放大、缩小或者搜索某个城市后，如果要将地图恢复原状，单击地图操作命令栏上的 按钮。

18.2.5 选择和移动地图

地图操作命令栏的最下端有一个 ▸ 按钮，单击可以展开几个命令按钮，如图 18-8 所示，可以选择地图、移动地图等，操作非常方便。

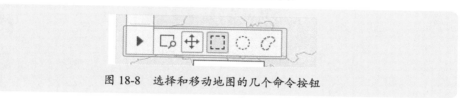

图 18-8 选择和移动地图的几个命令按钮

第19章

创建仪表板

当我们创建了一个或多个工作表后，就可以创建仪表板，在仪表板中合并这些工作表，添加交互性，使数据展示和分析更加方便。

本章介绍仪表板制作的基本方法、技巧和注意事项。

19.1 创建仪表板的基本方法和注意事项

创建仪表板比较容易，但也有一些需要注意的问题。下面我们介绍创建仪表板的基本方法和注意问题，以及布局和格式化仪表板的相关技能和技巧。

19.1.1 创建仪表板的基本原则

仪表板是几个工作表的排列组合，目的是在仪表板上展示出一些重要信息。我们可以制作多个仪表板，每个仪表板应该仅展示一个主题及相关说明信息，因此，每个仪表板只需要把该仪表板想要说明的信息表达出来就可以了。

例如，我们可以制作以下几个仪表板，来分析销售数据。

- 仪表板 1：分析总体销售情况（预算达成，同比分析等）；
- 仪表板 2：分析每个产品的销售情况（预算达成，同比分析，各月销售等）；
- 仪表板 3：分析每个客户的销售情况；
- 仪表板 4：分析每个业务员的销售情况；
- 仪表板 5：分析每个地区的销售情况；
- 仪表板 6：对未来一段时间的销售预测；
- 等等。

从每个仪表板来说，构建仪表板需要注意以下问题：

- 这个仪表板想要重点表达什么信息？
- 由几个工作表构建这个仪表板？
- 如何布局这些工作表，使信息变得更清晰？
- 如何设置视图界面大小？
- 如何实现各图表的联动交互分析？
- 如何突出显示重要信息？
- 等等。

19.1.2 先创建每个分析工作表

以门店销售分析为例，现在我们要制作门店销售分析仪表板，在这个仪表板中，分析的主要内容如下：

- 本月总体完成情况如何？毛利率如何？
- 自营店和加盟店的销售占比如何？各自完成情况如何？毛利率如何？
- 每个地区的销售排名如何？各自完成情况如何？毛利率如何？
- 在全国的开店分布如何？哪个地区开店最多，销售最多？

基本信息数据如图 19-1 所示，本案例数据源是 Excel 文件"案例 19-1.xlsx"。

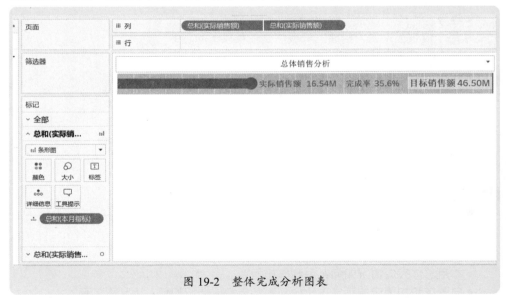

图 19-1　销售数据记录

由于要分析的内容比较多，一个仪表板放不下，因此需要制作两个仪表板，一个用于分析销售完成情况，另一个用于分析全国开店情况。

1. 制作总体分析工作表

首先制作总体分析报告，这个要反映总目标及其达成情况，使用水平放置的靶心图比较合适，经过简单的处理，就得到了如图 19-2 所示的整体完成情况跟踪图。

图 19-2　整体完成分析图表

注意，工作表格式只是暂时的，当制作仪表板，将所有工作表布局到仪表板上时，还需要重新设置格式，以使仪表板整体美观。

2. 制作地区销售分析报告

地区销售分析包括各地区销售排名、完成率，以及毛利率情况，如图 19-3 所示。这里，创建了计算字段"完成率"和"毛利率"，计算公式分别如下。

"完成率"计算公式：

SUM([实际销售额])/SUM([本月指标])

"毛利率"计算公式：

SUM([毛利])/SUM([实际销售额])

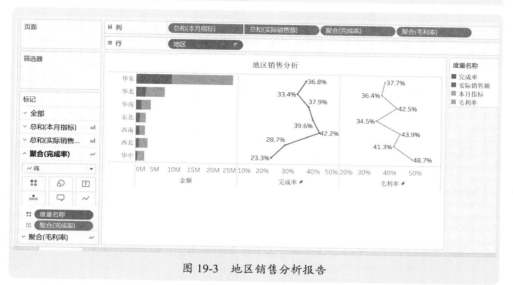

图 19-3　地区销售分析报告

再制作一个各地区的占比分析饼图，如图 19-4 所示。

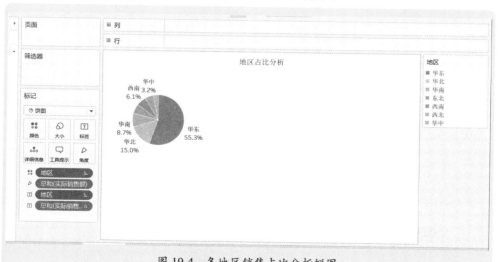

图 19-4　各地区销售占比分析饼图

3. 制作自营店和加盟店的销售分析报告

自营店和加盟店的销售完成情况如何？毛利率如何？图 19-5 所示是关于自营店和加盟店的销售分析报告。

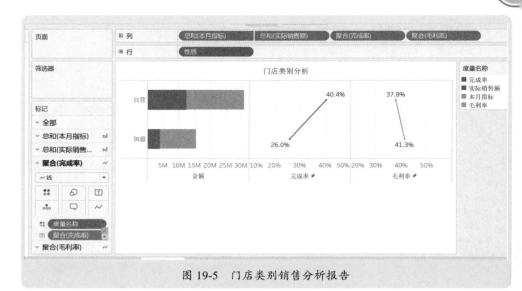

图 19-5　门店类别销售分析报告

再绘制一个自营店和加盟店的销售结构分析饼图，如图 19-6 所示。

图 19-6　门店类别结构分析报告

4. 全国开店分布统计

全国开店分布分析，需要从两方面来考虑：各地区（省份）的门店数分布，以及各地区（省份）的销售大小。我们可以通过制作地理分析图以及条形图。

图 19-7 所示是分析每个地区每个省份中，门店数以及销售额。图 19-8 所示是对部分地区门店分布的地图地理分析，颜色越深，门店数越多。

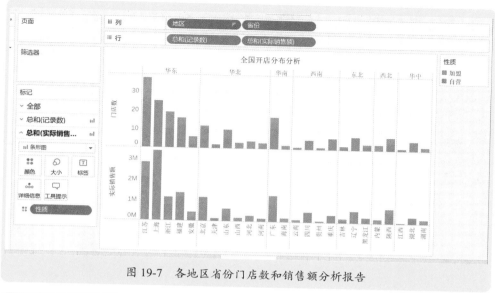

图 19-7　各地区省份门店数和销售额分析报告

图 19-8　部分地区门店分布分析

有了这几个工作表视图后，我们就可以创建仪表板了。

19.1.3 布局仪表板

新建一个空白仪表板"仪表板 1"，如图 19-9 所示。

布局仪表板的方法很简单，从左侧边条中，拖动某个工作表到仪表板画布中。

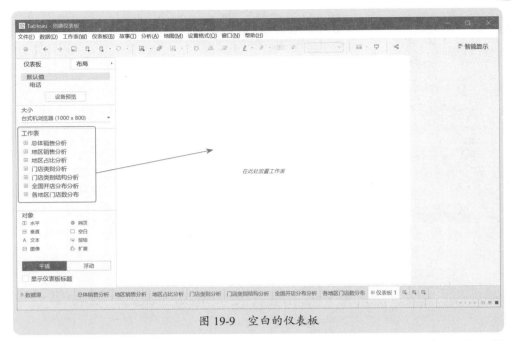

图 19-9　空白的仪表板

根据仪表板布局展示的逻辑，按照以下次序查看数据：总体分析→地区分布→门店性质分析，并考虑仪表板界面的大小，从左侧的工作表列表中拖放工作表到仪表板，如图 19-10 所示。

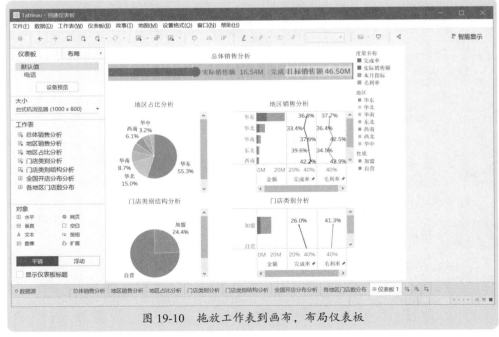

图 19-10　拖放工作表到画布，布局仪表板

默认情况下，这种布局是平铺形式。

19.1.4　设置仪表板大小

在仪表板左侧有一个大小设置卡，用于设置仪表板的大小，如图 19-11 所示。单击默认"台式机浏览器(1000×800)"按钮，就可以调节仪表板的宽度和高度，如图 19-12 所示。

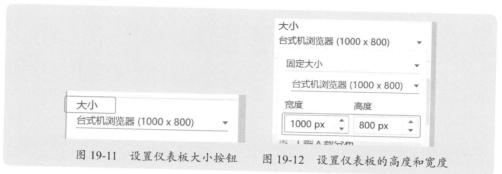

图 19-11　设置仪表板大小按钮　　　图 19-12　设置仪表板的高度和宽度

如果再单击"台式机浏览器(1000×800)"按钮的下拉箭头，就展开一个常见显示的选择列表，如图 19-13 所示，可以选择合适的显示尺寸，或者自定义尺寸。

如果觉得这种设置比较麻烦，想一次调整至目前的视图界面尺寸，可以选择"自动"，如图 19-14 所示。

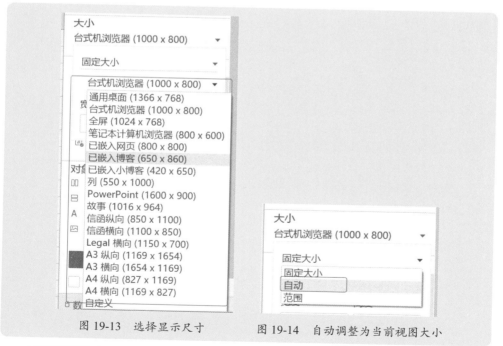

图 19-13　选择显示尺寸　　　图 19-14　自动调整为当前视图大小

如果要预览在不同设备上的显示效果，就单击左侧边条顶部的"设备预览"，如图 19-15 所示，然后可以在仪表板顶部单击"默认值"按钮，选择相应的设备，如

图 19-16 所示，再在相关的设备列表中选择设备。

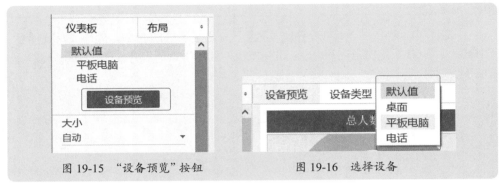

图 19-15 "设备预览"按钮   图 19-16 选择设备

这样就得到了如图 19-17 所示的仪表板。

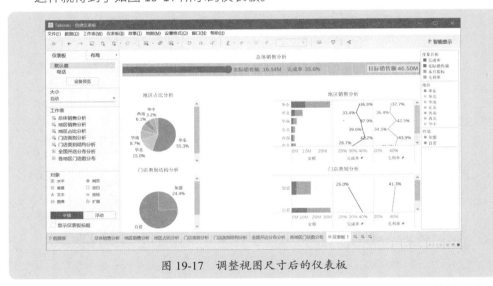

图 19-17 调整视图尺寸后的仪表板

每个工作表视图的大小也可以调整，拖动该工作表边框，就可以调整其高度和宽度。此外，选择每个工作表视图，再单击工具栏中的视图下的"整个视图"命令，如图 19-18 所示，就可以将该工作表的图表布局为整个工作表视图，不再出现水平或垂直滚动条。

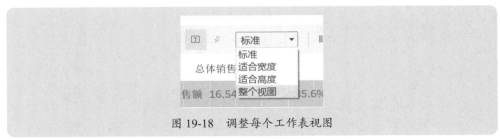

图 19-18 调整每个工作表视图

这样就将仪表板界面整理为较为清晰的效果，如图 19-19 所示。

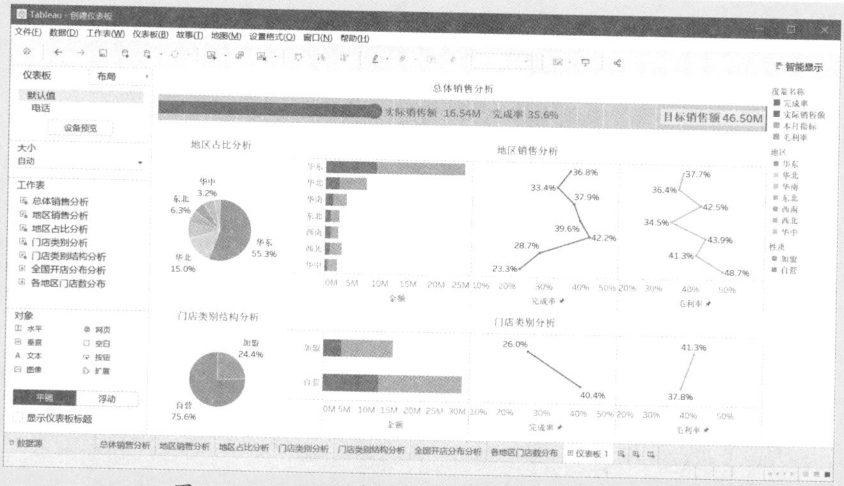

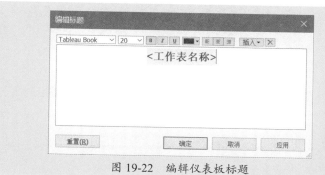

图 19-19　设置仪表板界面大小和各工作表显示

19.1.5　添加仪表板标题并进行格式化

仪表板必须有标题，添加标题很简单，单击左侧边条底部的"显示仪表板标题"，如图 19-20 所示，就会在仪表板顶部出现一个标题栏，标题的默认文字是当前仪表板的名称，如图 19-21 所示。

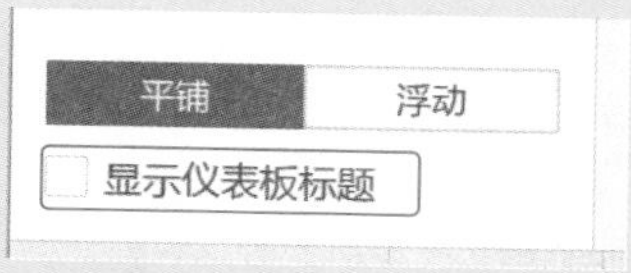

图 19-20　准备显示仪表板标题 　　图 19-21　默认的标题文字"仪表板 1"

我们可以通过将仪表板名称重命名为一个确切的名称来显示合适的标题，也可以直接修改标题。一般情况下，最好重命名仪表板名称，标题显示为仪表板名称。

然后右击仪表板标题，执行"编辑标题"命令，打开"编辑标题"对话框，然后设置字体、字号、字体颜色、对齐等项目，如图 19-22 所示。

图 19-22　编辑仪表板标题

不过,字体颜色必须与后面即将设置的项目(例如标题背景填充颜色)一致。例如,如果将仪表板标题背景设置为深色,那么字体颜色设置为浅色（如白色）才能显示出标题文字。

19.1.6 设置仪表板格式

执行"设置格式"→"仪表板"命令,如图 19-23 所示,左侧打开"设置仪表板格式"边条, 如图 19-24 所示, 可以对仪表板的阴影、仪表板标题、工作表标题、文本对象等进行设置。例如, 将仪表板阴影、仪表板标题设置为合适的颜色, 以及在仪表板界面中设置每个工作表的标题字体和阴影等, 非常方便。

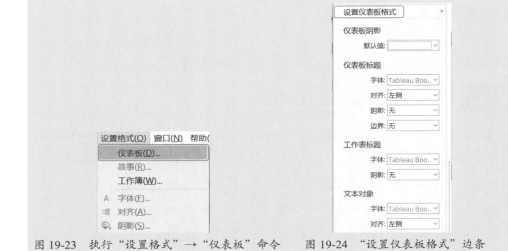

图 19-23 执行"设置格式"→"仪表板"命令   图 19-24 "设置仪表板格式"边条

如图 19-25 所示是设置仪表板格式后的情况。

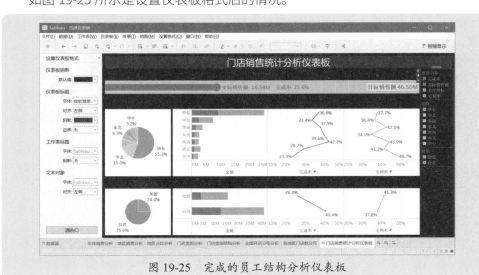

图 19-25 完成的员工结构分析仪表板

当设置仪表板的阴影等格式后，需要对每个工作表的格式（字体颜色、工作表阴影、标题等）进行重新设置，使整个仪表板界面变得清晰、美观，如图 19-26 所示。

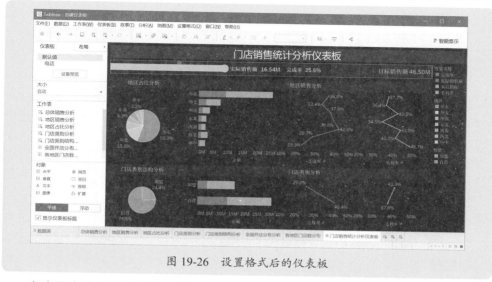

图 19-26　设置格式后的仪表板

有人更喜欢清新的格式，如图 19-27 所示。

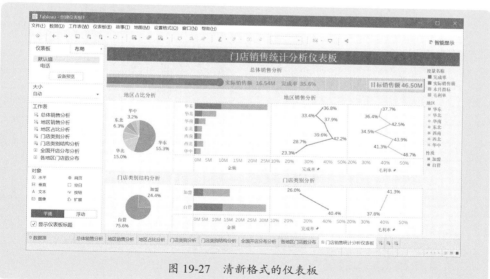

图 19-27　清新格式的仪表板

19.1.7 ▶ 继续制作其他仪表板

如果要再制作一个仪表板分析全国门店分布情况，就再插入一个仪表板，重命名为"全国开设门店分布分析"，然后将门店分布分析的两个工作表拖至仪表板，如图 19-28 所示。

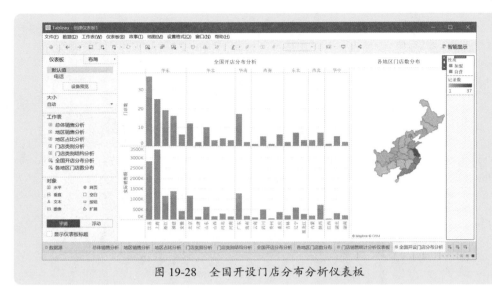

图 19-28　全国开设门店分布分析仪表板

然后根据需要，对仪表板进行格式化处理。

19.2　仪表板的其他布局方法

前面介绍的是仪表板的基本的操作，也就是对各工作表进行布局，下面我们再介绍仪表板的几种实用布局方法，这些布局方法，就是仪表板左侧边条底部的几个对象操作按钮使用，如图 19-29 所示。

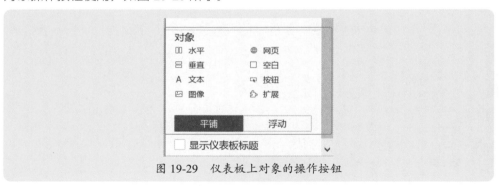

图 19-29　仪表板上对象的操作按钮

19.2.1　浮动布局仪表板

默认情况下，仪表板的布局是平铺的，每个工作表可以水平布局，也可以垂直布局。有些情况下，使用浮动布局可能更好，可以将一个工作表浮动在另一个仪表板上方，就像两个工作表叠加在一起一样。

图 19-30 和图 19-31 所示就是一个分析每个地区毛利的排名条形图，以及分析自营店和加盟店毛利的占比饼图。

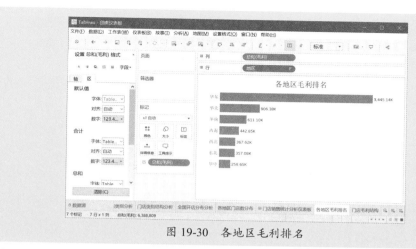

图 19-30　各地区毛利排名

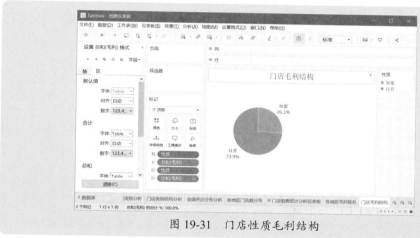

图 19-31　门店性质毛利结构

在仪表板上，如果使用平铺的方式布局两个工作表，就会使仪表板显得不好看，如图 19-32 所示。

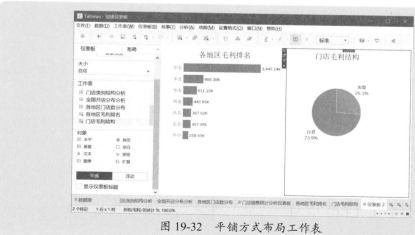

图 19-32　平铺方式布局工作表

我们可以先单击左侧边条底部的"浮动"按钮，然后将饼图拖至条形图上方，放好位置，调整大小，阴影设置为无，就得到了如图 19-33 所示的仪表板。这个仪表板的布局就比前面的布局要好看得多。

图 19-33　浮动布局方式

19.2.2　插入空白

当仪表板上工作表较多时，可以在工作表之间插入空白对象，这样每个工作表之间有一个可以调整高度或宽度的空白条，使各工作表之间有间隔，不至于挤在一起。

插入空白很简单，拖动左侧边条底部的"空白"对象至仪表板两个工作表之间，就插入了空白，然后调整空白的高度或宽度即可。

以前面介绍的员工信息分析为例，如果插入空白对象，仪表板就显得清晰得多了，如图 19-34 所示。

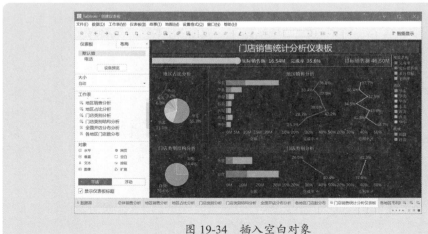

图 19-34　插入空白对象

19.2.3 插入图像

为了使仪表板更加生动，可以插入图像对象，显示指定的图片。

例如，我们要在仪表板右侧图例下部插入一张图片，就可以在左侧边条中将对象"图像"拖至指定位置，就打开"编辑图像对象"对话框，如图 19-35 所示。单击"选择"按钮，从文件夹里选择图片文件，然后选择"适合图像"和"使图像居中"，最后单击"确定"按钮，就得到了一张图片，如图 19-36 所示。

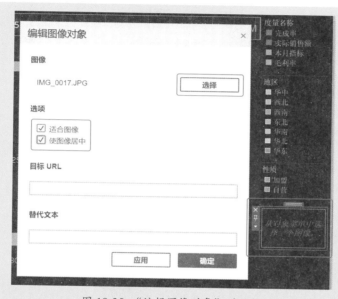

图 19-35 "编辑图像对象"对话框

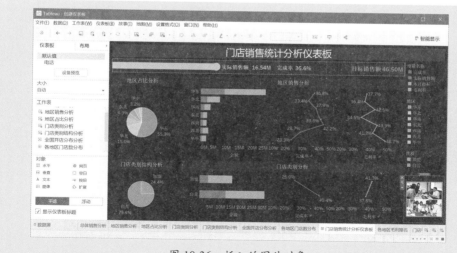

图 19-36 插入的图片对象

插入按钮

按钮可以实现在演示模式下，快速转向某个指定的工作表或仪表板。

插入按钮方法很简单，将左侧边条中的"按钮"对象拖至仪表板指定位置即可。我们可以插入多个按钮，如图 19-37 所示就是在仪表板顶部插入了 4 个按钮。

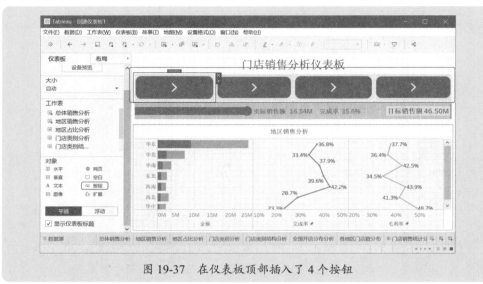

图 19-37　在仪表板顶部插入了 4 个按钮

插入按钮后，单击按钮右上角的下拉箭头，展开菜单，执行"编辑按钮"命令，如图 19-38 所示。

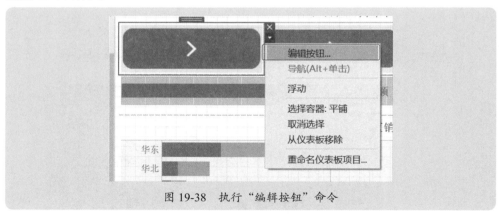

图 19-38　执行"编辑按钮"命令

再打开"编辑按钮"对话框，设置按钮的相关项目，如图 19-39 所示，如下。

"导航到"：指定要导航到的位置（哪个工作表或仪表板），从"导航到"下拉列表中选择当前工作簿已有的工作表、仪表板和故事；

"按钮样式"：从"按钮样式"下拉列表中选择按钮样式，有文本和图像两种；

"标题"或"图像"：对"文本"按钮设置按钮的标题文字；对"图像"按钮设置图像；

"设置格式"：设置按钮的边框和背景；
"工具提示"：当光标悬浮按钮上方时，出现提示文字。

图 19-39　编辑按钮

如图 19-40 所示就是设置的 4 个文本按钮的效果。

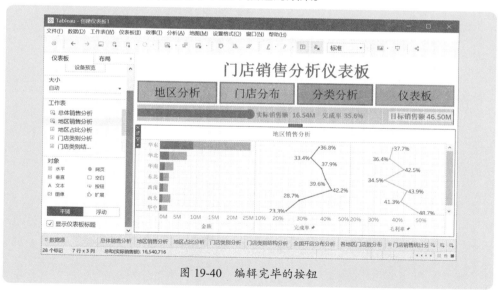

图 19-40　编辑完毕的按钮

　　按钮一般用来制作分析报告的首页，也就是插入一个仪表板作为首页，然后在仪表板上插入一些导航按钮。这样，在演示模式中，通过单击某个按钮可以快速切换到该工作表或仪表板；然后在相应的工作表上或仪表板上，再插入一个浮动的按钮，设置返回主页。

　　这样，就可以避免在工作表标签上手工切换，提升切换效率。

19.2.5 ▶ 插入文本

文本对象也是非常有用的，可以在图表视图上插入浮动文本对象，对该图表进行文字备注说明，也可以插入平铺文本对象，编辑说明文字，对相应的模块进行说明。

图 19-41 所示就是在仪表板上插入垂直文本，在打开的"编辑文本"对话框中输入文本，对右侧的几个图表进行说明。

在编辑完文本（字体、字号、颜色等）后，还需要根据文本对象的位置（垂直、水平），对文本的对齐方式进行设置，右击文本对象，执行"设置文本对象格式"命令，就在仪表板左侧打开"设置文本格式"边条，然后设置文本对象的对齐格式，如图 19-42 所示。

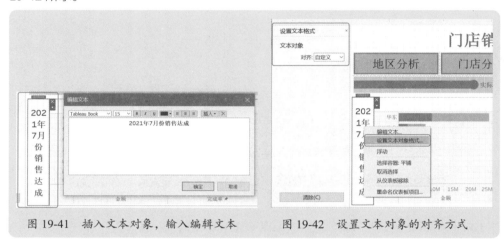

图 19-41　插入文本对象，输入编辑文本　　　　图 19-42　设置文本对象的对齐方式

这样就得到了如图 19-43 所示仪表板上的文本对象。

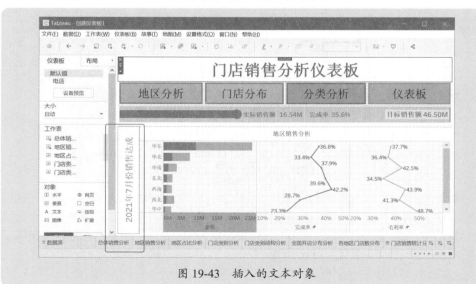

图 19-43　插入的文本对象

19.2.6 插入网页

我们可以在仪表板的适当位置插入网页，这样可以在仪表板上浏览指定的网页。

将左侧边条中的"网页"对象拖至仪表板指定位置，就会打开一个"编辑 URL"对话框，输入要浏览的网址，如图 19-44 所示。

图 19-44　输入网址

单击"确定"按钮，就在仪表板上插入了一个网页，再根据需要调整网页对象的大小，如图 19-45 所示。

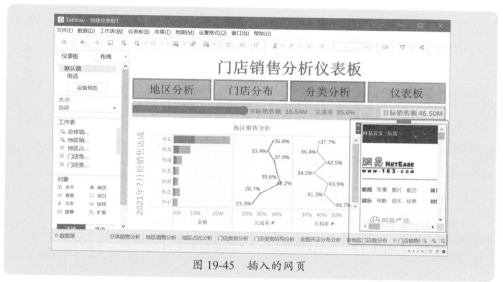

图 19-45　插入的网页

19.2.7 使用容器布局

如果我们制作了多个小工作表，也就是每个工作表只有一个重点信息图表，现在要将这些工作表按照一定的布局结构进行布局，而不是利用常规的拖放方法，此时就可以插入水平容器或垂直容器，方便布局图表。容器就是仪表板左侧边条底部的"水平"和"垂直"对象，如图 19-46 所示。

图 19-46　水平容器和垂直容器

例如，我们对地区、省份、门店性质的销售额、毛利、门店家数等做了几个仪表板，有饼图，有柱形图，有条形图，此时，就需要使用容器布局来合理安排这些图表。

使用容器布局很方便，先选择容器并拖入仪表板，然后将工作表拖至容器。

如图 19-47 所示是一个使用容器布局的仪表板。

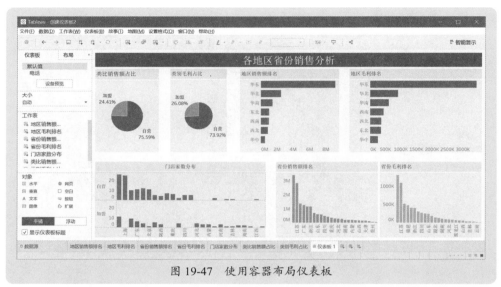

图 19-47　使用容器布局仪表板

19.3　编辑仪表板上的对象

初步完成的仪表板，需要做进一步的布局调整和格式设置，包括调整各对象位置，设置仪表板格式，设置工作表格式，等等。

19.3.1　移除对象

如果不再需要某个对象，可以单击它，在对象的右上角（或左上角）会出现一个垂直命令条，单击▣按钮，如图 19-48 所示，就将该对象移除出了仪表板画布。

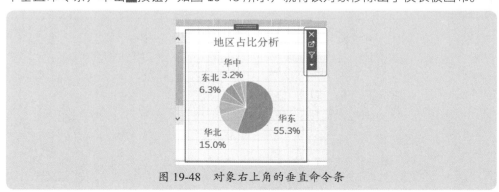

图 19-48　对象右上角的垂直命令条

19.3.2 ▷ 调整对象位置

如图 19-48 所示对象的顶部有一个拖放柄，光标对准它，就出现拖放箭头，然后按住左键不放，将其拖放到其他位置。

不论是工作表对象，还是其他插入的文本对象、图像对象、网页对象等，以及图例卡对象，都可以使用这种方法拖动位置。

如图 19-49 就是将图例拖放到仪表板顶部的效果。这样，当我们需要醒目显示某个地区时，在顶部单击某个地区就可以了，操作非常方便。

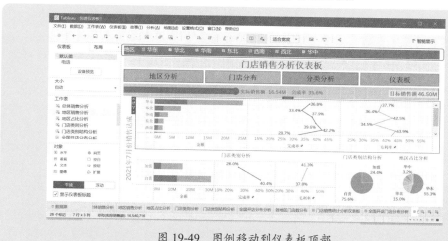

图 19-49　图例移动到仪表板顶部

19.3.3 ▷ 设置仪表板格式

仪表板的格式包括仪表板阴影、仪表板标题、工作表标题等项目，如何操作，我们在 19.1.6 节做过介绍，此处不再重叙。

需要注意的是，如果每个工作表都有标题，要将这些工作表标题统一设置格式（如阴影、字体颜色等），可以在图 19-24 所示的设置仪表板格式边条中的"工作表标题"下设置。

19.3.4 ▷ 设置工作表格式

如果我们要对仪表板上的每个工作表格式进行设置，例如显示大小、阴影、字体、边框、网格线、标题等，可以右击任一工作表对象，执行"设置格式"命令，就会在仪表板左侧出现设置格式边条，然后就可以在当前仪表板界面中，单击要设置格式的工作表对象，再对工作表的格式进行设置，而没必要再去每个工作表中进行设置。

19.3.5 ▷ 设置浮动对象的大小

如果要设置浮动对象的位置（X 坐标和 Y 坐标）、大小（宽度和高度）等常规操作，一般是手工拖动对象边框来调整，这样很不容易对齐。

我们可以在仪表板左侧的"布局"边条中，通过设置具体大小数字来调整，如图 19-50 所示，方法很简单，先单击选择某个对象，然后继续设置即可。这样可以避免某些本应该是大小一样的图表对象，由于手工调整而不一样。

图 19-50　布局指定的对象项目

不过要注意，只有浮动对象才能这样设置。

19.3.6　添加边距、边框和背景色，以突出显示对象

我们可以为对象添加边距、边框和背景色来突出显示，或者对每个项目都添加边距、边框和背景色，来醒目突出该对象，或者将各对象醒目区分和隔离。

添加边距、边框和背景色的方法很简单，选择某个对象，然后在仪表板左侧的"布局"边条中，设置边界、北京、外边距、内边距等项目，如图 19-51 所示。

图 19-52 所示就是设置指定工作表对象的边距、边框和背景色的效果。

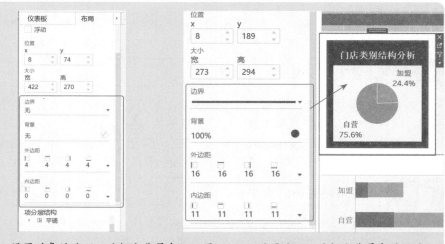

图 19-51　设置对象的边距、边框和背景色　　图 19-52　设置边距、边框和背景色的效果

19.3.7　快速显示或隐藏工作表标题

图 19-50 所示的"布局"边条顶部，有一个"显示标题"复选框，可以快速显示或隐藏指定工作表的标题，方法很简单，先选择某个工作表，然后单击该按钮，就可以显示或隐藏标题。

当然，原始工作表必须有标题，才能在这里显示或隐藏。

19.3.8　通过合理设置工作表标题区分仪表板每部分信息

我们可以通过插入空白对象来将每个工作表对象隔开，这种设置是最常用的。

如果我们要在上下方向区分每部分信息，可以通过设置每个工作表标题（字体和阴影）来实现，图 19-53 就是一个示例效果。

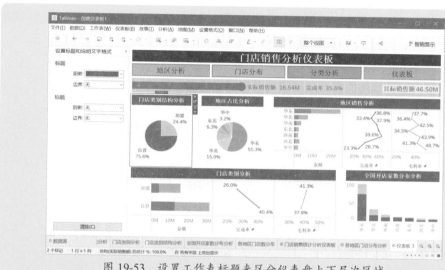

图 19-53　设置工作表标题来区分仪表盘上下层次区域

19.3.9　显示网格，方便项目对齐

为了便于精准对齐项目，可以显示网格，方法是执行"仪表板"→"显示网格"命令，如图 19-54 所示，就会在仪表板上显示出网格线。

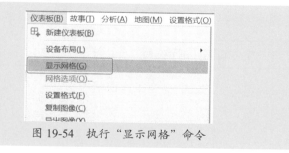

图 19-54　执行"显示网格"命令

我们也可以设置网格大小，执行"仪表板"→"网格选项"命令，如图 19-55 所示，打开"网格选项"对话框，设置网格大小，如图 19-56 所示。

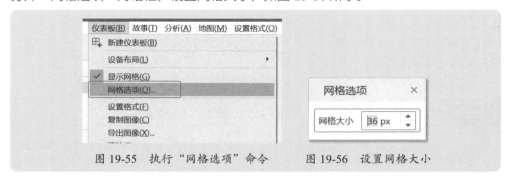

图 19-55　执行"网格选项"命令　　　　图 19-56　设置网格大小

19.4　用仪表板动态展示分析数据

用仪表板分析数据非常方便，因为在仪表板上，同时展示了几个分析图表，让我们一眼可以看到全貌，还可以设置一对多的筛选关联，使分析数据更加灵活。

下面我们以图 19-57 所示仪表板为例，来介绍使用仪表板分析数据的基本方法和技巧。本仪表板的数据源是 Excel 文件"案例 19-2.xlsx"。

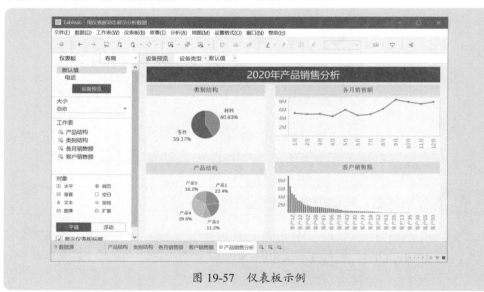

图 19-57　仪表板示例

19.4.1　将某个工作表用作筛选器

我们可以将仪表板里的任何一个工作表用作筛选器，当单击该工作表图表中的某个项目时，那么其他工作表就醒目显示该项目的值。

例如，我们要把左上角的"产品结构"工作表用作筛选器，就单击该工作表，在右上角出现的垂直命令条中，单击"用作筛选器"按钮，如图 19-58 所示。

图 19-58 "用作筛选器"按钮

这样，当单击左上角第一个工作表饼图的某个类别扇形时，其他工作表就会显示该类别下的数据，如图 19-59 和图 19-60 所示。

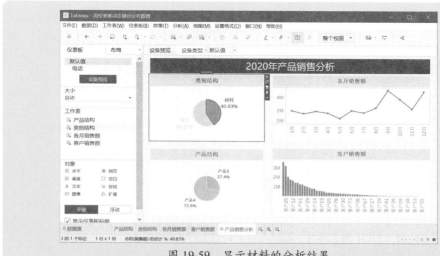

图 19-59 显示材料的分析结果

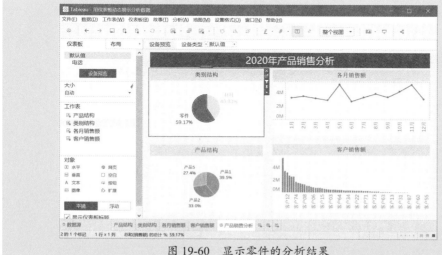

图 19-60 显示零件的分析结果

如果这个工作表不再需要筛选器功能，就再单击垂直命令条中的"用作筛选器"按钮，取消筛选器功能。

19.4.2 将多个工作表用作筛选器

我们也可以将多个工作表用作筛选器，只需要选择要用作筛选器的这些工作表，单击垂直命令条中的"用作筛选器"按钮即可。

例如，我们要分析指定类别、指定月份的各产品和各客户的销售情况，就将工作表"产品结构"和"各月销售额"设置为筛选器，那么就可以实现我们要求的展示效果，如图 19-61 ～图 19-63 所示。

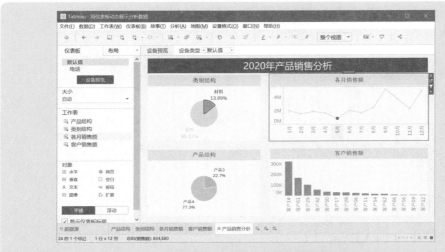

图 19-61　材料在 5 月份的销售情况

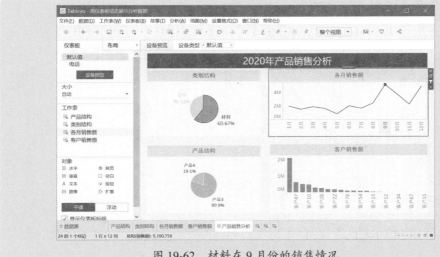

图 19-62　材料在 9 月份的销售情况

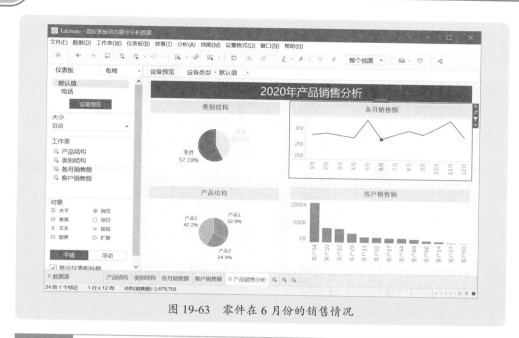

图 19-63　零件在 6 月份的销售情况

19.4.3　禁止筛选指定的工作表

前面介绍的筛选是控制所有工作表，假如要有针对性地控制某个或者某几个工作表呢？换句话来说，就是不控制某几个工作表呢？

例如,要使用"类别结构"来筛选"各月销售额"和"客户销售额"两个工作表，但不控制筛选"产品结构"工作表，就可以选择该工作表，执行右上角出现的垂直命令条中的"忽略操作"命令，如图 19-64 所示。这样，其他工作表的筛选就对此工作表不起作用了。

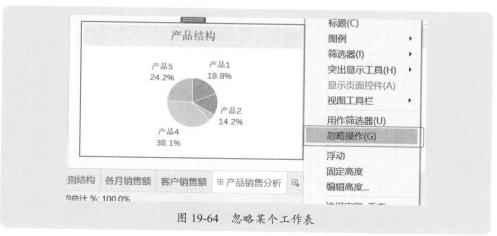

图 19-64　忽略某个工作表

如图 19-65 所示就是一个筛选效果图。

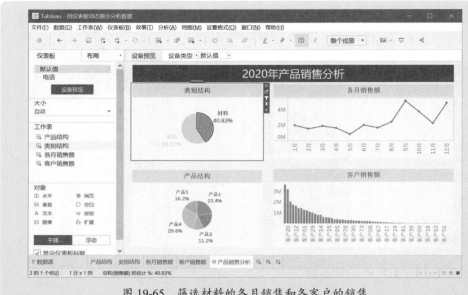

图 19-65　筛选材料的各月销售和各客户的销售

19.4.4　将仪表板导出到图像

我们可以将制作好的仪表板，复制为图像图片，以便于粘贴到其他文档上，或者导出为图像文件，随时使用这个仪表板的分析结果，只要执行"仪表板"→"复制图像"或者"导出图像"命令即可，如图 19-66 所示。

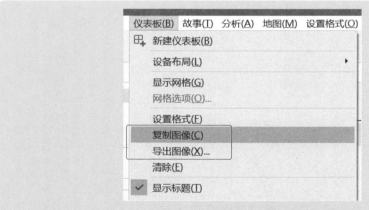

图 19-66　执行"复制图像"或者"导出图像"命令

第20章

创建故事

当创建了多个工作表和仪表板后，我们可以根据每个工作表或仪表板展示的信息，按照分析汇报的逻辑，对这个工作表或仪表板进行依次展示，也就是创建故事。

故事，就是在顶部有切换按钮，单击每个切换按钮，就在当前视图上显示指定的工作表视图或仪表板视图，如图 20-1 所示。

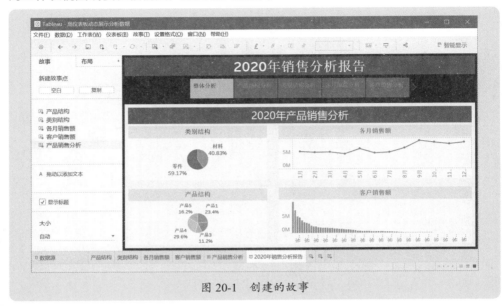

图 20-1　创建的故事

20.1　创建故事的基本方法

创建故事是很简单的，下面介绍创建故事的基本方法、技巧和一些注意事项。

20.1.1　开始创建故事

单击底部的"新建故事"按钮，如图 20-2 所示，就创建一个空白的故事，如图 20-3 所示。

图 20-2　"新建故事"按钮　　　　图 20-3　创建的空白故事

20.1.2 新建故事点

新建故事后，就在顶部出现一个灰色文本框"添加标题"，我们需要将其默认标题修改为具体名称，然后从左侧故事边界条中把工作表或仪表板拖至画布，就创建了第一个故事点，如图 20-4 所示。

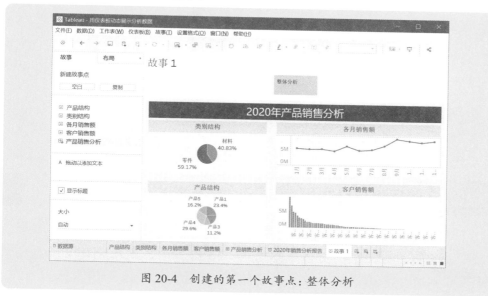

图 20-4　创建的第一个故事点：整体分析

再单击左侧边界条里的"空白"按钮，如图 20-5 所示，就创建了第二个故事点，然后修改顶部的按钮标题，拖放指定工作表或仪表板，得到第二个故事点，如图 20-6 所示。

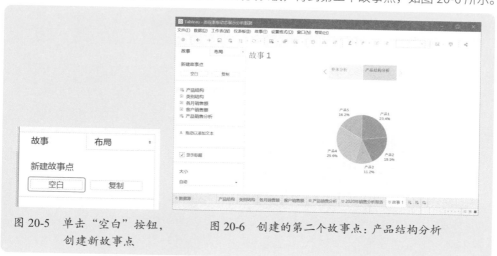

图 20-5　单击"空白"按钮，
创建新故事点

图 20-6　创建的第二个故事点：产品结构分析

依此方法，根据具体需要，创建所有的故事点，就完成了故事的创建。最后，将故事重命名为一个具体的名称，如图 20-7 所示。

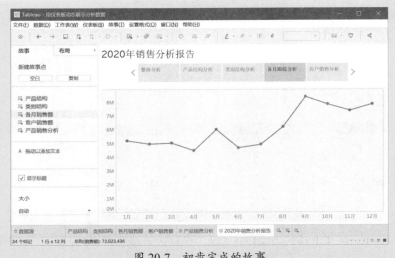

图 20-7 初步完成的故事

20.2 设置故事格式

创建故事后，需要对故事的格式进行设置，例如添加标题，设置阴影，设置按钮的颜色，等等。

20.2.1 设置故事标题

跟工作表和仪表板一样，故事也可以显示标题，标题可以是故事名，也可以是自定义的名称。在左侧边界条底部选择"显示标题"，就为故事添加了标题，然后设置其格字体、对齐、阴影即可。

这些操作方法与前面介绍的是一样的，可以在"编辑标题"对话框里进行，也可以在左侧的"设置格式"边条里进行，如图 20-8 所示。

图 20-8 "设置故事格式"边条

20.2.2 ▶ 设置故事阴影

设置故事阴影，也是在"设置故事格式"边条中进行的，参见图 20-8。

20.2.3 ▶ 设置导航器格式

导航器就是故事顶部的一排按钮，格式设置的主要内容是字体和阴影，在图 20-8 所示的边条中进行即可。

20.2.4 ▶ 设置导航器样式

导航器样式设置是在"布局"边条中进行的，如图 20-9 所示。

图 20-9　设置导航器样式

导航器样式有以下几种，分别如图 20-10 ~图 20-13 所示。

图 20-10　标题框形式的导航器

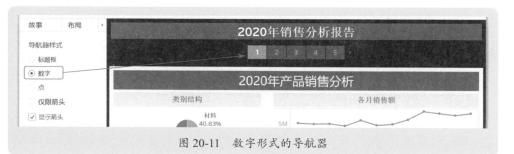

图 20-11　数字形式的导航器

图 20-12　点形式的导航器

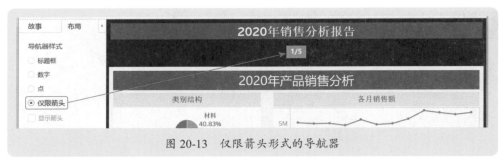

图 20-13　仅限箭头形式的导航器

20.2.5　删除故事点

如果不再需要某个故事点，就将光标悬浮到该故事导航器按钮的上方，出现一个工具栏，单击 × 按钮即可，如图 20-14 所示。

图 20-14　删除某个故事点